U0246341

风景园林专业实验与实习指导

姜大崴 ◎主编

中国书籍出版社
China Book Press

图书在版编目(CIP)数据

风景园林专业实验与实习指导 / 姜大崴主编.
北京 : 中国书籍出版社, 2024. 10. -- ISBN 978-7
-5241-0048-5

Ⅰ. TU986

中国国家版本馆CIP数据核字第2024N86B72号

风景园林专业实验与实习指导

姜大崴　主编

丛书策划	谭　鹏　武　斌	
责任编辑	李　新	
责任印制	孙马飞　马　芝	
封面设计	博健文化	
出版发行	中国书籍出版社	
地　　址	北京市丰台区三路居路97号(邮编：100073)	
电　　话	（010）52257143（总编室）　　（010）52257140（发行部）	
电子邮箱	eo@chinabp.com.cn	
经　　销	全国新华书店	
印　　厂	三河市德贤弘印务有限公司	
开　　本	710毫米×1000毫米　1/16	
字　　数	234千字	
印　　张	14	
版　　次	2025年1月第1版	
印　　次	2025年1月第1次印刷	
书　　号	ISBN 978-7-5241-0048-5	
定　　价	98.00元	

版权所有　翻印必究

目　录

一、实验篇

　　风景园林专业实验的目的是培养学生实际动手能力，拓宽学生的专业视野，培养团队合作和组织协调能力，塑造专业工匠精神，促进理论与实践相结合，促进学科发展和学科创新，培养实践能力和创新意识。通过实践，学生不仅能在实际工作中提升自己的综合素质和专业能力，也能为个人的未来发展打下坚实的基础。因此，风景园林专业实验具有非常重要的意义。下面对本专业重要的实验进行介绍。

《城市设计概论》课程实验

一、课程基本信息

课程名称	城市设计概论实验		
英文名称	Introduction of Urban Design Experiment		
课程学时	16	课程学分	0.5
课程类别	专业方向课	课程性质	选修
开课学期	第7学期	实验属性	专业实验
适用专业	风景园林		
先修课程	风景园林规划设计原理、生态学、风景园林学综合实验I—Ⅷ		
考核方式	过程性考核（100%）		

二、课程简介

通过城市设计概论实验使学生熟练掌握各类城市设计的内容和方法、城市设计的程序和规划内容，并独立完成这些设计；锻炼学生快速设计及综合设计的能力，培养学生分析和解决问题的能力，提高学生进行城市设计的实践能力，为后续的毕业实习与毕业设计等教学环节的顺利完成奠定基础，也为学生毕业后从事城市规划与设计等有关工作奠定必要的知识与实践技能基础。

三、课程目标

1.课程目标

课程目标1：分析城市设计的优秀案例。

课程目标2：应用所学相关专业知识与设计原则，根据城市设计规范和场地实际需求进行规划设计。

课程目标3：明确城市设计的文本编制与相关图纸的表达。

2.课程目标与毕业要求的指标点对应关系

课程目标	毕业要求指标点
1	4.1能够使用相关的网络工具、图像处理工具等信息技术，且能查询及分析解决设计和工程等问题所需要的相关资料，能够在生产实际中应用
2	3.2能够运用植物学、美学、设计学的基本理论和方法解决园林设计过程中的实际问题
3	5.1能主动与本学科及相关学科的成员合作开展工作，且具有一定的组织能力

四、课程的教学内容、基本要求与学时分配

序号	项目及内容	教学基本要求	学时分配	实验类型	实验方式	支撑课程目标	课程思政融入点
1	优秀城市设计案例分析：①城市设计案例文本解读；②各类城市设计案例分析	①鉴赏优秀城市设计案例优点及其特色。②明确本课程评价方法。	4	设计性实验	线下操作	1	培养学生的职业责任、理想信念、科研价值理念
2	城市控制性规划设计图纸绘制：①图纸布局与控制性规划设计制图规范；②长春市控制性规划图纸绘制	①归纳和总结城市设计控制性规划设计图纸的绘制表达方法。②长春市控制性规划图纸的绘制。	4	设计性实验	线下操作	1	在规划设计用地上为实现物质空间，经济、文化社会的发展提升提出具体的规划建设方案
3	城市开放空间的规划设计练习与节点设计：①城市开放空间节点设计；②城市开放空间活动场地景观节点设计	①通过城市开放空间设计的练习，学会运用计算机绘制图纸，平面图、立面图的规范表达。②学会电脑效果图快题设计图纸的绘制与展板的布局。	4	设计性实验	线下操作	1	学习专业前沿理论，培养积极关怀社会、热爱环境的思想情感
4	城市开放空间的规划设计练习与节点设计：①城市开放空间节点设计；②城市开放空间活动场地景观节点设计	①通过城市开放空间设计的练习，学会运用计算机绘制图纸，平面图、立面图的规范表达。②学会电脑效果图快题设计图纸的绘制与展板的布局。	4	设计性实验		1	培养学生形成高度的专业生态审美

1.考核环节及权重

课程目标	过程性（100%）			成绩比例（100%）
	考核方式1	考核方式2	考核方式3	
1	5	10	10	25
2	10	10	20	40
3	5	10	20	35
合计	20	30	50	100

2.各考核环节评价标准

课程成绩由两部分构成具体考核方式及标准如下：

序号	考核方式	所占比例	对应课程目标	对应毕业要求支撑点	评分标准	考核说明
1	课堂综合表现	20%	1.2	4.1	课堂互动回答问题积极主动，回答对的问题和有质量的回答有奖励积分；讨论区主题讨论高质量回复帖：回复问题有新的见解和对问题的深度思考。PBL小组作业完成及时，生生互评质量高，意见合理	课堂互动回答问题，讨论区主题讨论高质量回复帖，生生互评认真对待，且能给出所评图纸高质量改进意见
2	城市设计案例分析作业	30%	2.3	3.2	图纸图面干净，布局美观大方，符合设计要求，仿宋字字迹优美、清晰，内容交代清楚。设计说明，条理清晰，表达内容清楚完整，正确使用专业术语，语言优美。具体见附件	本次实验共提交2张图纸，图纸包括现状分析图、平面图等。学生本次实验的成绩由教师评价成绩（占70%）和小组互评成绩（占30%）组成

续表

序号	考核方式	所占比例	对应课程目标	对应毕业要求支撑点	评分标准	考核说明
3	开放空间设计图纸绘制	50%	2.3	5.1	分区合理并且与周围用地性质紧密关联，各要素合理搭配，尺度精准。图面整洁，图文并茂。设计说明，条理清晰，表达内容清楚完整，正确使用专业术语，语言优美。具体见附件	本次实验共提交2张图纸，图纸包括现状分析图（包括方案生成图）、总体方案图、分析图。学生本次实验的成绩由教师评价成绩（占70%）和小组互评成绩（占30%）组成

附件：

规划设计图纸评分标准表

项目	指标	分值	教师评价
总图设计（0—50分）	总平面图布局合理，符合规范标准（各项用地界线确定空间布置，公建设施及道路结构走向，停车设施以及绿化布置）	40—50分	
	总平面图布局较合理，局部存在不符合规范标准	30—39分	
	总平面图布局不合理，存在多处不符合规范标准	30分以下	
构思分析（0—30分）	设计分析图纸表达全面，质量高：包括基地现状及区位关系图、基地地形分析图；规划设计分析图规划结构与布局、道路系统、公建系统、绿化系统和空间环境等；建筑选型分析图等	20—30分	
	设计分析图纸表达较全面，质量一般，部分分析不到位，深度不足	10—19分	
	设计分析图纸表达质量不达标，分析图纸不全，分析深度不足	0—9分	
文字描述（0—10分）	设计解析文字说明清晰，条理流畅，语言表达优美	8—10分	
	语言一般，基本通顺，基本无错别字	4—7分	
	语言不通顺，较多错别字，表述不标准	1—3分	

续表

项目	指标	分值	教师评价
版面布局（0—10分）	排版布局美观合理，重点突出，图纸整体完整度高	8—10分	
	排版布局美观较合理，重点较突出，图纸整体完整度一般	4—7分	
	排版布局美观不合理，重点不突出，图纸整体完整度不高	1—3分	
总分100分		得分	

六、学习资源

1.使用教材

刘志成.风景园林快速设计与表现[M].北京：中国林业出版社，2012.

2.主要参考书籍

[1]吴志强，李德华.城市规划原理（第四版）[M].北京：中国建筑工业出版社，2020.

[2]王珺，宋睿，李婧.城市规划快题设计[M].北京：化学工业出版社，2012.

[3]陈瑞丹，周道瑛.园林种植设计（第2版）[M].北京：中国林业出版社，2019.

[4]李昊，周志菲.城市规划快题考试手册[M].武汉：华中科技大学出版社，2020.

3.其他资源

通过"学习通"对学生进行考核、上传学习资料、测试学习情况等。

七、学习建议

1.严格按照超星学习通内的课程安排，完成各项学习任务。本课程要求熟练使用网络，能够在规定时间内独立完成作业提交等任务。

2.本课程线下学习，涉及小组讨论与互评、班级交流、个人PPT汇报等，要求能够参与团队活动，客观评价他人学习。

3.本课程知识覆盖面较广，内容较多，需要大家课上和课后自主学习，合理安排学习时间，完成相关学习，达成学习目标。

4.建议学有余力的同学观看课程相关教学视频和网站资源、公众号文章，不断拓展自己专业学习的深度和广度。

5.本课程严禁由他人代替绘图或者抄袭他人设计，一旦发现违规者，本门课程成绩为不及格。本课程线下学习，请根据课程安排和课程当日通知，按时参加线下课程。不得迟到、早退、无故旷课。缺席一次作业成绩扣20分（及时出示假条除外，后补假条无效）。

6.请在规定时间内上交相关图纸，如果没有按规定时间交作业，每晚交一天，该图纸成绩下调10分，按天数累计，超过7天者无图纸成绩。

《风景区规划实验》课程实验

一、课程基本信息

课程名称	风景区规划实验实验		
英文名称	Scenic Area Planning Experiment		
课程学时	16	课程学分	0.5
课程类别	专业方向课	课程性质	选修
开课学期	第2学期	实验属性	基础实验
适用专业	风景园林		
先修课程	风景园林规划设计、植物景观规划设计、城市园林绿地规划		
考核方式	过程性考核（100%）		

二、课程简介

    《风景区规划实验》是风景园林专业的一门选修专业方向课程，本课程总学时为16学时，全部为实验内容。基于专业人才培养目标、学情分析及以往的教学反思，修订和完善本实验课程的教学设计，本课程为风景园林专业人才培养目标的实现起到了一定的辅助推动作用。实验的目的是要学生动手设计，期间辅以教师讲解、案例分析、小组讨论等教学方法，最终完成相应的图纸和规划大纲的编写。通过实验课熟悉我国风景名胜区规划规范，学会风景区总体规划方法，为学生将来从事风景区及旅游方面的工作奠定良好的规划设计基础。

三、课程目标

1.课程目标

课程目标1：通过对规划案例图纸的改绘，运用基本理论找到图纸中存在的问题，对案例展开分析，深入理解规划方案，并提出相应的改进措施。提高学生的综合分析素养，培养其严谨的科学精神。可支撑毕业要求3.3。

课程目标2：能够搜集和整理风景区相关基础资料，分析风景区存在的问题，按照国家风景区规范要求，进行风景区综合规划，编制风景区总体规划大纲，提高学生的规划能力，树立保护环境、保护风景资源的意识。可支撑毕业要求3.3。

2.课程目标与毕业要求的指标点对应关系

课程目标	对应毕业要求指标点
1	3.3能够对风景园林规划与设计领域进行综合分析和研究，并提出相应对策或解决方案
2	3.3能够对风景园林规划与设计领域进行综合分析和研究，并提出相应对策或解决方案

四、课程的教学内容、基本要求与学时分配

序号	项目及内容	教学基本要求	学时分配	实验类型	实验方式	对应课程目标	课程思政融入点
1	实验一：风景区规划图纸改绘——案例分析	1.了解风景区总体规划设计最终呈现的成果。 2.阐述风景区规划前期工作步骤及工作成果。 3.通过对瓦屋山森林公园规划图纸的分析，发现图纸中隐含的问题，找出图纸中存在的问题。	2	设计	线下操作	1	园林文化艺术的多样性，发现、感知、欣赏、评价
2	实验一：风景区规划图纸改绘——图纸改绘	1.完成风景区现状图、风景资源分析与评价图及规划设计总图的改绘。 2.完成风景区生态保护培育规划图、旅游服务设施规划图及道路交通规划图的改绘。 3.通过改绘加深对风景区规划图纸内容的理解。	4	设计	线下操作	1	培养学生多角度、辩证地分析问题
3	实验一：风景区规划图纸改绘——作业讲评	1.制定风景区规划图纸改绘组内互评评分标准。 2.掌握风景区规划总体规划和专项规划图纸特点。	2	设计	线下操作	1	逻辑清晰，能运用科学的思维方式认识事物、解决问题

续表

序号	项目及内容	教学基本要求	学时分配	实验类型	实验方式	对应课程目标	课程思政融入点
4	实验二：风景区总体规划——风景资源评价及分析	1.完成风景区风景资源资料的搜集。 2.对风景资源进行分析和评价，用合理的图示语言绘制风景资源评价及分析图纸。 3.撰写总体规划说明书风景资源分析与评价部分内容。	2	设计	线下操作	2	审美意识的养成
5	实验二：风景区总体规划——总体规划设计	1.合理进行总体布局，绘制总体设计总图。 2.完成风景游赏规划，绘制风景游赏规划图。 3.进行风景区保护培育规划、旅游服务设施规划、道路交通规划。 4.完成风景区总体规划设计说明书。	4	设计	线下操作	2	培养学生多角度、辩证地分析问题
6	实验二：风景区总体规划——规划设计讲评	1.制定风景区总体规划图纸及说明书组内互评评分标准。 2.掌握风景区总体规划要点。	2	设计	线下操作	2	通过风景区设计的成就和发展历程，激发学生的民族自豪感和文化自信心

五、考核与成绩评定

1.考核环节及权重

课程目标	过程性（100%）			成绩比例（100%）
	课堂表现	风景区规划图纸改绘	风景区总体规划	
1	5	30		35
2	5		60	65
合计	10	30	60	100

2.各考核环节评价标准

序号	考核方式	所占比例	评分标准	考核说明
1	课堂表现	10%	课堂互动回答问题积极主动；讨论区回复问题有新的见解和深度思考。PBL小组作业完成及时，生生互评质量高，意见合理	课堂互动回答问题，讨论区主题讨论高质量回复帖，生生互评认真对待，且能给出所评图纸高质量改进意见
2	风景区规划图纸改绘	30%	改绘图纸图面干净，布局美观大方，符合制图要求，仿宋字字迹优美、清晰，内容交代清楚，并将原图纸中存在的问题纠正过来	本次实验共提交6张图纸，图纸包括风景区现状图、风景区景源分析与评价图、风景区规划设计总图、风景区道路交通规划图、风景区旅游服务设施规划图及风景区生态保护培育规划图。学生本次实验的成绩由教师评价成绩（占70%）和小组互评成绩（占30%）组成

序号	考核方式	所占比例	评分标准	考核说明
3	风景区总体规划	60%	图纸图面干净，布局美观大方，符合制图要求，仿宋字字迹优美、清晰，内容交代清楚。规划说明书内容全面具体，条理清晰，表达内容清楚完整，正确使用专业术语，语言优美，字迹工整，A4纸打印	本次实验共提交景源分析与评价图、规划设计总图、游赏规划图3张图纸及1份总体规划设计说明书。学生本次实验的成绩由教师评价成绩（占70%）和小组互评成绩（占30%）组成

六、学习资源

1.使用教材

[1]李文，吴妍. 风景区规划[M]. 北京：中国林业出版社，2018.

2.主要参考书籍

[1]许耕红，马聪. 风景区规划[M]. 北京：化学出版社，2012.

[2]杨赉丽. 城市园林绿地规划（第五版）[M]. 北京：中国林业出版社，2019.

[3]唐学山，李雄，曹礼昆. 园林设计[M]. 北京：中国林业出版社，1997.

3.其他资源

相关专业网站有：谷德设计网（https：//www.gooood.cn）、木藕设计网（https：//mooool.com）；筑龙园林景观论坛、中国园林网、秋凌景观网、中国风景园林网、风景园林新青年、园林学习网。（后面提及的网站，用所给的关键词搜索后即可找到主页，在网站内可查找与实验相关的优秀案例。）

相关微信公众号有：风景园林部落、景观设计师、景观中国网、景观之路、生生景观、风景园林网。用关键词在公众号中搜索即可找到。在公众号内可查找与实验相关的优秀案例。

七、学习建议

1.自主学习

充分利用课余时间，结合教材与参考书籍，观看相关教学视频或在线课程，加深对理论知识的理解和记忆。

通过实践练习，不断巩固所学知识，提高绘图技能。

2.拓展学习

积极参加相关讲座、研讨会或展览。

尝试使用不同的绘图软件或工具，探索新的绘图方法和技巧。

关注行业资讯，了解投影与透视技术在建筑、景观、工业设计等领域的应用和发展趋势。

《风景园林学综合实验I》课程实验

一、课程基本信息

课程名称	风景园林学综合实验I		
英文名称	Comprehensive Experiment of Landscape Architecture I		
课程学时	48	课程学分	1.5
课程类别	专业核心课	课程性质	必修
开课学期	第1学期	实验属性	专业实验
适用专业	风景园林		
先修课程	风景园林设计初步		
考核方式	过程性考核（100%）		

二、课程简介

《风景园林学综合实验I》是风景园林专业的核心课之一，课程立足于风景园林制图标准及风景园林规划设计的特点，通过系统的文字和大量的手绘图片，详细而循序渐进地介绍了风景园林设计表现理论和技法的本质特点、基本原理、技术细节和运用要点，将教学目标由"图面美观"改为"图纸信息清晰"，将表现技法由"绘画技法"改为"表现、传递信息的技法"，使表现图更符合风景园林专业的实际需要。

三、课程目标

1.课程目标

课程目标1：

（1）掌握园林要素的平面、立面画法，通过绘图理解各种构成要素的表达。

（2）掌握立面图、剖面图、植物配置图和竖向设计图等各类专项图纸的绘制。

（3）识别并掌握园林效果图的绘制。

课程目标2：

（1）通过课程设计，熟练绘制平面图、立面图，并理解各组成部分的比例关系。

（2）通过课程设计，能够准确绘制竖向设计的等高线法，理解地形对于整个项目的意义。

（3）理解一点透视、两点透视、鸟瞰图的区别并懂得如何绘制。

2.课程目标与毕业要求的指标点对应关系

课程目标	对应毕业要求指标点
1	2.1掌握风景园林要素表现的专业知识
2	2.2具有较高的艺术素养，在环境建设时能够遵循艺术原理指导实践

四、课程的教学内容、基本要求与学时分配

序号	项目及内容	教学基本要求	学时分配	实验类型	实验方式	对应课程目标	课程思政融入点
1	实验一：园林平面图的绘制	学生能够按要求进行总体规划设计图的识别与绘制	4	设计	线下操作	1	园林文化艺术的多样性，发现、感知、欣赏、评价
2	实验二：园林立面图的绘制	掌握园林立面图画法，区分立面图与剖面图。学会立面图中各类要素的表达	4	设计	线下操作	1	培养学生多角度、辩证地分析问题
3	实验三：园林剖面图的绘制	掌握园林竖向设计的含义，并使学生明白如何表达竖向设计，理解地形对于整个设计的意义，能够熟练绘制剖面图	4	设计	线下操作	2	逻辑清晰，能运用科学的思维方式认识事物、解决问题
4	实验四：园林效果图的绘制	熟练地绘制一点和两点透视图、鸟瞰图，掌握基本的上色	4	设计	线下操作	2	审美意识的养成

序号	项目及内容	教学基本要求	学时分配	实验类型	实验方式	对应课程目标	课程思政融入点
5	实验一：景观手绘图的黑白线稿绘制	使学生强化黑白线条的掌握，使笔触更加流畅熟练	4	设计	线下操作	1	通过绘制黑白线稿，教育学生注重细节、精益求精的工匠精神
6	实验二：景观图马克笔色彩表现	使学生熟练进行各类景观要素的色彩表现	4	设计	线下操作	1	通过上色实验，教育学生注重色彩搭配、和谐统一的美学观念
7	实验三：平面图、立面图、剖面图绘制	掌握平面图、立面图、剖面图画法，区分立面图与剖面图。学会立面图中各类要素的表达	4	设计	线下操作	1	通过绘制平面图、立面图、剖面图，教育学生注重空间布局、尺度感和细节处理
8	实验四：效果图及鸟瞰图绘制	明确一点透视和两点透视原理，利用透视原理掌握各类效果图及鸟瞰图的绘制方法，并熟练上色	4	设计	线下操作	2	不用透视角度和手绘风格进行效果图及鸟瞰图的绘制，培养学生的创新精神和实践能力
9	实验一：字体练习	能够认真完成作业，图面工整，线条连续平滑，构图合理	4	设计	线下操作	1	通过绘制黑白线稿，教育学生注重细节、精益求精的工匠精神
10	实验二：铅笔线条练习	正确掌握铅笔的使用方法，图面整洁，线条平直工整，交接明确，制图精确	4	设计	线下操作	1	通过绘制黑白线稿，教育学生注重细节、精益求精的工匠精神

续表

序号	项目及内容	教学基本要求	学时分配	实验类型	实验方式	对应课程目标	课程思政融入点
11	实验三：徒手线条练习	能够认真完成作业，满足徒手墨线线条的要求，线条连续平滑，构图合理	4	设计	线下操作	1	通过绘制黑白线稿，教育学生注重细节、精益求精的工匠精神
12	实验四：学校大门抄绘	能够准确识读图纸内容，掌握制图的基本规范和要求，无错画漏画，线条线型符合规范，构图合理完整	4	设计	线下操作	2	通过绘制平面图、立面图、剖面图，教育学生注重空间布局、尺度感和细节处理

五、考核与成绩评定

1.考核环节及权重

课程目标	过程性（100%）				成绩比例（100%）
	课堂表现	图纸绘制	景观手绘	设计抄绘	
1	10	10	15	15	50
2		10	15	15	40
3		10			10
合计	10	30	30	30	100

2.各考核环节评价标准

序号	考核方式	所占比例	评分标准	考核说明
1	课堂表现	10%	1.课堂互动回答问题积极主动，回答对的问题和有质量的回答有奖励积分（老师有额外加分权）。 2.讨论区主题讨论高质量回复帖：回复问题有新的见解和对问题的深度思考，字数150字以上。PBL小组内图纸上传及时，生生互评质量高，意见合理。	课堂互动回答问题，讨论区主题讨论高质量回复帖，生生互评认真对待，且能给出所评图纸高质量改进意见
2	图纸绘制	30%	要素表达清晰准确、制图规范	作业共提交4张图纸：平面图、立面图、剖面图和效果图。教师打分结合同学互评结果
3	景观手绘	30%	1.线条质量（20分）： 评分标准包括：线条流畅、均匀，无断点或抖动。 2.线条层次感（20分）： 评分标准包括：明确区分主次线条，线条层次丰富。 3.形状准确性（20分）： 评分标准包括：形状准确，符合实际景观要素。 4.色彩表现（20分）： 评分标准包括：色彩搭配合理，丰富且具有表现力。透视原理应用。	作业共提交手绘图共计30张，其中课上随堂测试5张，平面图5张，立面图、剖面图5张，效果图10张，鸟瞰图5张。根据对应的评分标准给分
4	设计抄绘	30%	要素表达清晰准确、制图规范	作业共提交4张图纸，根据每张作业的标准进行打分

六、学习资源

1.使用教材

杨立红，孙晓刚.园林规划设计实验指导[M].长春：吉林大学出版社，2009.

2.主要参考书籍

[1]刘志成. 风景园林快速设计与表现[M]. 北京：中国林业出版社，2012.

[2]李本池. 前沿景观手绘表现与概念设计[M]. 北京：中国建筑工业出版社，2008.

3.其他资源

相关专业网站有：谷德设计网（https：//www.gooood.cn）、木藕设计网（https：//mooool.com）；筑龙园林景观论坛、中国园林网、秋凌景观网、中国风景园林网、风景园林新青年、园林学习网。（后面提及的网站，用所给的关键词搜索后即可找到主页，在网站内可查找与实验相关的优秀案例。）

相关微信公众号有：风景园林部落、景观设计师、景观中国网、景观之路、生生景观、风景园林网。用关键词在公众号中搜索即可找到。在公众号内可查找与实验相关的优秀案例。

七、学习建议

1.手绘是设计的基础，平时请不要放松手绘的练习。

2.优秀案例对学生的启发超出预期，请多看优秀案例，有机会最好去实地考察。

3.观看课程相关教学视频和网站资源、公众号文章，不断拓展自己专业学习的深度和广度。

4.园林植物是植物配置的基础，可采用遇到什么学什么的即学即用方法。

《风景园林学综合实验Ⅱ》课程实验

一、课程基本信息

课程名称	风景园林学综合实验Ⅱ		
英文名称	Comprehensive Experiment of Landscape Architecture Ⅱ		
课程学时	48	课程学分	1.5
课程类别	专业核心课程	课程性质	必修
开课学期	第2学期	实验属性	专业实验
适用专业	风景园林		
先修课程	风景园林学综合实验Ⅰ、风景园林专业导论、风景园林设计初步、造型艺术基础Ⅰ		
考核方式	过程性考核（100%）		

二、课程简介

　　《风景园林学综合实验Ⅱ》是风景园林专业的一门专业核心课程，通过学生独立进行建筑及场地的测量、绘制图纸、场地分析以及模型制作等实际动手操作实验，使学生能对园林建筑及园林空间的尺度有所感知，能够了解空间尺度，掌握基础园林分析语言及基础绘图规范，为后续风景园林基础理论课及设计实验课打下良好基础。

三、课程目标

1.课程目标

课程目标1：能够正确使用测量仪器，通过团队协作，对建筑及场地进行实地测量。

课程目标2：能够熟练掌握园林制图绘图的规范，熟练掌握绘图工具的使用方法。培养学生追求严谨、实事求是的科学精神。

课程目标3：能掌握园林分析评价语言，结合小组活动进行分析讨论，对空间场地进行基础分析评价。

课程目标4：能够正确使用材料及工具，根据比例及尺度要求完成模型制作，实现知行合一，增强专业认同感和使命感。

2.课程目标与毕业要求的指标点对应关系

课程目标	对应毕业要求指标点
1	2.1掌握风景园林要素表现的专业知识，掌握风景园林规划设计基本原理，熟悉城乡规划一般原理，熟悉风景园林发展历史
2	2.2具有较高的艺术素养，在环境建设时能够遵循艺术原理指导实践
3	5.2具有逻辑严谨、创意突出、专业自信、谦恭服务的专业素养，能够因时、因地、因人制宜地与专业和非专业人士进行沟通交流
4	5.3能够积极主动与团队中不同分工的成员团结协作、职责分明、取长补短、群策群力共同完成工作
5	5.4能胜任团队成员角色与责任，具有勇于担当、能倾听其他团队成员的意见，虚心纳谏并合理取舍的素质
6	6.1能够认识到持续学习和不断探索的必要性，具有自主学习和终身学习的意识，掌握自主学习的方法，了解拓展知识和能力的途径

四、课程的教学内容、基本要求与学时分配

序号	项目及内容	教学基本要求	学时分配	实验类型	实验方式	对应课程目标	课程思政融入点
1	第一讲：基础尺度场地测绘 1.身体尺寸 2.小品尺寸 3.道路尺寸 4.植物尺寸	使学生感知基础尺度，了解评价语言，掌握基础图纸绘制方法	8	设计	线下操作	1、3、6	团队协作，勇于探究的科学精神
2	第二讲：小型尺度场地测绘 1.实地勘测、测量场地尺寸及内部主要构成要素尺寸。 2.观察场地及周边环境、使用人群、使用功能、要素的设置是否合理等等。针对以上问题进行讨论。 3.完成场地测绘及调研报告。	使学生感知小型场地的尺度，合理运用专业术语进行评析，练习图纸绘制及报告书写规范	8	设计	线下操作	1、3、4、5、6	通过调研提高人文素养，培养团队协作能力
3	第三讲：中型尺度场地测绘 1.中型尺度场地进行实地勘测，测量场地尺寸及内部主要构成要素尺寸。 2.观察场地及周边环境、使用人群、使用功能、要素的设置是否合理等等。针对以上问题进行讨论。 3.绘图、模型制作。	使学生感知较大场地的尺度，熟练运用术语进行评析，在测绘的基础上锻炼动手制作模型，同时在模型制作过程中加深尺度感知	8	设计	线下操作	1、2、3、4、5、6	勇于探究的科学精神

续表

序号	项目及内容	教学基本要求	学时分配	实验类型	实验方式	对应课程目标	课程思政融入点
4	第四讲：校园建筑尺度感知 1.现场对建筑物进行实地勘测。 2.对建筑的造型风格、体量大小、使用功能进行合理评价	使学生感知校园建筑尺度，学生能够通过实地测绘正确说出基本建筑尺寸大小、风格，并对建筑功能进行合理评价	8	设计	线下操作	1、3、4、5、6	团队协作，科学测量理性思维
5	第五讲：校园建筑测绘 对校园建筑进行测量，并完成测绘图纸	学生能够熟练掌握园林制图绘图的规范，熟练掌握绘图工具的使用方法，根据测量数据，独立完成图纸绘制	8	设计	线下操作	1、3、4、5、6	校园文化人文积淀、团队合作精神
6	第六讲：建筑模型制作	要求学生能够正确使用模型制作材料，根据测量数据，完成模型制作	8	设计	线下操作	1、2、6	提高审美情趣，培养知行合一动手操作实践

五、考核与成绩评定

课程目标	过程性（100%）				成绩比例（100%）
	建筑测绘	场地测绘	场地评析	模型制作	
1	10	5	5	5	25
2	10		5		15
3	10				10
4	5	5			10
5	5	5			10
6	10	5		5	20
合计	50	30	10	10	100

六、学习资源

1.主要参考书籍

[1]吴昊. 民居测绘——尺度的感悟[M]. 北京：中国建筑工业出版社，2011.

[2][日]原广司. 空间——从功能到形态[M]. 南京：江苏科学技术出版社，2017.

[3][日]芦原义信.外部空间设计[M]. 南京：江苏凤凰文艺出版社，2017.

[4]田树涛等. 人体工程学[M]. 北京：北京大学出版社，2013.

[5]胡长龙. 园林规划设计[M]. 北京：中国农业出版社，2002.

[6]常会宁. 园林制图与识图[M]. 北京：中国农业大学出版社，2015.

2.其他资源

通过"学习通"对学生进行考核、上传学习资料、测试学习情况等。

网站：

景观中国（http：//www.landscape.cn）

中国风景园林网（http：//www.chla.com.cn）

七、学习建议

1.测绘要求

体现不同尺度场地的测量数据，单位统一，标注规范。图纸尺寸与标准图纸相符，图面干净、线条合理，仿宋字字迹清晰优美。场地评析要求前期仔细观察，分析问题涵盖全面，准确使用专业术语，表述清晰，字迹工整。实验报告要求内容全面，把测量数据评价内容表述清楚，结构合理，条理清晰，语言组织精练，表达明确。

2.课外建议

积极参与课堂活动，主动独立思考，培养发散性思维和创意思维。通过互联网、期刊杂志、专业书籍拓展知识面，主动学习专业前沿领域内容 。

3.学术诚信

学生务必独立完成测绘图纸、报告及模型作业。如有雷同，按不及格处理。

《风景园林学综合实验Ⅲ》课程实验

一、课程基本信息

课程名称	风景园林学综合实验Ⅲ		
英文名称	Comprehensive Experiment of Landscape Architecture Ⅲ		
课程学时	32	**课程学分**	1.5
课程类别	专业核心课程	**课程性质**	必修
开课学期	第3学期	**实验属性**	专业实验
适用专业	风景园林		
先修课程	风景园林专业导论、风景园林设计初步、造型艺术基础Ⅰ—Ⅳ、中外园林史、植物学		
考核方式	过程性考核（100%）		

二、课程简介

《风景园林学综合实验Ⅲ》是一门面向风景园林设计专业学生的必修课程。该课程旨在培养学生迅速进行风景园林建筑设计的能力，并为学生提供必要的实践经验和理论基础。课程内容涵盖建筑设计中的各个方面，包括建筑规划、景观设计、设计原则和理论、技术要点等。通过实践演练和理论学习，学生将学会如何应用这些知识和技能来进行快速建筑设计。

此外，该课程的实践教学大纲强调理论结合实际，让学生在短时间内迅速构思并快速完成设计方案，任务通常是在三个小时内完成一个设计方案。同时，课程还注重培养学生徒手制图的能力，掌握徒手设计和制图的基本技能。

总的来说，风景园林建筑快题设计课程是一门注重实践和理论相结合的课程，旨在培养学生快速构思和完成风景园林建筑设计的能力，以及掌握相关的设计原则和理论、技术要点和徒手制图等基本技能。

三、课程目标

1.课程目标

课程目标1：掌握小尺度建筑设计的基本原理和技巧。通过实践操作，使学生熟悉并掌握小尺度建筑设计的基本原则、设计元素、空间布局和形式美学等方面的知识，提高他们在小尺度建筑设计中的创造性和实践能力。

课程目标2：理解风景园林与建筑的关系。通过本课程的学习，使学生深入理解风景园林与建筑之间的相互关系，认识到建筑设计在风景园林规划中的重要地位，掌握如何将建筑设计与周围环境和景观相协调的技巧。

课程目标3：提高动手实践能力和创新能力。通过实验和实践操作，使学生能够运用所学理论知识和设计技巧，独立完成小尺度建筑设计任务，培养他们的创新思维和动手实践能力。

课程目标4：掌握设计工具和技术。通过本课程的学习，使学生熟练掌握常用的建筑设计工具和技术，如CAD、SketchUp等设计软件的使用以及模型制作、材料选择等实践技能。

课程目标5：培养团队合作精神和沟通能力。在实验过程中，学生需要分组合作，共同完成设计任务，这有助于培养学生的团队合作精神和沟通能力，提高他们在团队协作中的综合素质。

综上所述，《风景园林学综合实验Ⅲ》的课程目标旨在提高学生的小尺度建筑设计能力，增强他们的创新意识和实践能力，同时培养他们的团队合作精神和沟通能力。

2.课程目标与毕业要求的指标点对应关系

课程目标	对应毕业要求指标点
课程目标1—5	2.2具有较高的艺术素养，在环境建设时能够遵循艺术原理指导实践
课程目标1—5	5.2具有逻辑严谨、创意突出、专业自信、谦恭服务的专业素养，能够因时、因地、因人制宜地与专业和非专业人士进行沟通交流
课程目标1—5	6.1能够认识到持续学习和不断探索的必要性，具有自主学习和终身学习的意识，掌握自主学习的方法，了解拓展知识和能力的途径

四、课程的教学内容、基本要求与学时分配

序号	项目及内容	教学基本要求	学时分配	实验类型	实验方式	对应课程目标	课程思政融入点
1	参照建筑相关设计规范，解读设计任务书和上位规划。案例解读及场地草图阶段	理论教学：设计原理及调查与调查资料的收集整理 1.掌握总平面设计，小型公共空间设计基本知识，空间组合方式，平面及平面组合。 2.掌握调查与调查资料收集整理的方式方法。 3.设计任务书内设计场地的现状分析。 4.相关优秀案例分析。发现具体的问题，并提出相应的策略及解决问题的思路。优秀案例的分析，建立有针对性的分析方法。 5.现实环境文化专题。 6.理解小型公共空间与总平面的关系，空间组合设计与外部环境的分析方法。	4	设计性实验	线下操作	1—5	参照建筑相关设计规范，解读设计任务书和上位规划
2	建筑设计立意与构思的确定。草图设计1-生成空间：通过制作场地模型与建筑体积的模型研究，观察模型并设计构思草图进行功能空间到总体空间形态的建立	1.确定建筑设计的主题。 2.完成建筑设计的功能分区及现状分析图。 3.建立功能的逻辑分析能力。掌握动线组织的研究，进一步发展空间。	4	设计性实验	线下操作	1—5	建筑设计立意与构思的确定

序号	项目及内容	教学基本要求	学时分配	实验类型	实验方式	对应课程目标	课程思政融入点
3	建筑设计功能分区的原则与方法。草图设计2-发展空间：1.通过建筑模型与草图的进一步研究，重点要求建立空间与功能的分析。2.形成中期汇报ＰＰＴ。分小组汇报	1.建筑设计平面草图的绘制。2.修改设计平面图并完成设计入口及园路分级。3.掌握空间与功能之间对应关系的研究。理解空间与功能之间的动态关系。4.空间的地域性专题。	4	设计性实验	线下操作	1—5	建筑设计功能分区的原则与方法
4	建筑设计重要节点的设计与表达。草图设计3-深化空间：重点要求建立影响空间各因素的分析。提高学生的设计综合能力。	1.完成建筑设计平面的重要节点的设计。2完善设计平面图并完成立面图。3.材料的地域性专题。4.理解材料与光线等对空间影响的研究。	4	设计性实验	线下操作	1—5	建筑设计重要节点的设计与表达
5	建筑设计分析图及平立剖	1.完成建筑设计的透视图设计。2.完成设计相关分析图的绘制。	4	设计性实验	线下操作	1—5	建筑设计分析图及平立剖
6	建筑设计透视图的表达	1.完成建筑设计的鸟瞰图。2设计制作各类分析图。	4	设计性实验	线下操作	1—5	建筑设计透视图的表达
7	建筑设计说明的撰写及展板布局	1.结合自己的设计方案完成建筑设计说明书的撰写。2.完成展板的设计制作。	4	设计性实验	线下操作	1—5	建筑设计说明的撰写及展板布局

续表

序号	项目及内容	教学基本要求	学时分配	实验类型	实验方式	对应课程目标	课程思政融入点
8	设计图纸综合评价。阶段成果：提交所有成果全系的公开评图	1.设计方案的汇报展示。2.其他组设计方案的评价与点评。3.掌握建筑方案设计工具图的表达与表现，模型制作。	4	设计性实验	线下操作	1—5	设计图纸综合评价

五、考核与成绩评定

1.考核环节及权重

课程目标	过程性（100%）						成绩比例（%）
	任务书解读	平面设计	立面设计	剖面设计	总平面设计	总体完成度	
1—3	5	10	10	10	10	10	55
4—5		10	10	10	5	10	45
合计	5	20	20	20	15	20	100

2.各考核环节评价标准

建筑设计图纸评分标准表

	优秀档 87—100分段	良好档 74—86分段	一般档 60—73分段	差 60分以下
一、设计内容完成度40分	1.总体完成度（30分） A.完整程度（15分） 设计所要求的各层平面图、立面图、剖面图、总平面图、分析图均完成，完成度高于95%。 B.各项完成度（15分） 平面图、立面图、剖面图、总平面图基本完整，符合比例要求、制图规范，标注清晰；各图内容相对应，没有明显出入。 2.指标与设计说明（10分） A.面积指标（8分）各项面积指标完整，面积指标与设计内容基本相符，面积误差在10%以内。 B.设计说明（2分）设计说明文字清晰，语句通顺。	1.总体完成度（30分） A.完整程度（15分） 设计所要求的各层平面图、立面图、剖面图、总平面图、分析图均完成，完成度高于90%。 B.各项完成度（15分） 平面图、立面图，剖面图、总平面图基本完整，基本符合比例要求、制图基本规范，标注基本清晰；各图内容基本相对应，没有明显出入。 2.指标与设计说明（10分） A.面积指标（8分）各项面积指标完整，面积指标与设计内容基本相符，面积误差在15%以内。 B.设计说明（2分）设计说明文字清晰，语句通顺。	1.总体完成度（30分） A.完整程度（15分） 设计所要求的各层平面图、立面图、剖面图、总平面图、分析图基本完成，完成度高于80%。 B.各项完成度（15分） 平面图、立面图、剖面图、总平面图存在一定不完整现象，比例要求、制图基本规范存在一定问题，标注存在不完整现象，但基本完整；各图内容存在一定出入，但无显著问题。 2.指标与设计说明（10分） A.面积指标（8分）各项面积指标存在一定不完整现象，面积指标与设计内容存在不相符现象，面积误差在20%以内。 B.设计说明（2分）设计说明文字、语句存在一定问题。	1.总体完成度（30分） A.完整程度（15分） 设计未完成，完成度低于80%。 B.各项完成度（15分） 平面图、立面图，剖面图，总平面图存在较多不完整现象，比例要求、制图基本规范存在较多问题，无标注或标注不完整；各图内容存在显著问题。 2.指标与设计说明（10分） A.面积指标（8分）无面积指标或面积指标与设计内容存在较大不相符现象。 B.设计说明（2分）无设计说明或设计说明文字、语句存在较大问题。
	优秀档此项得分30—40分	良好档此项得分20—29分	一般档此项得分10—19分	差档此项得分0—9分

续表

	优秀档 87—100分段	良好档 74—86分段	一般档 60—73分段	差 60分以下
二、设计方案构思 40分	A.方案整体构思（10分）方案主要功能符合题目要求，构思合理，立意鲜明，富有设计创新性。B.功能（10分）功能、交通流线合理。C.外观（10分）建筑外观造型美观，与周边环境协调。D.特色属性（10分）富有题目要求的时代性、文化性等。	A.方案整体构思（10分）方案主要功能基本符合题目要求，构思合理，立意较鲜明，具有一定设计创新性。B.功能（10分）功能、交通流线基本合理。C.外观（10分）建筑外观造型较为美观，与周边环境较为协调。D.特色属性（10分）具有一定的题目要求的时代性、文化性等。	A.方案整体构思（10分）方案主要功能与题目要求存在一定差异，构思、立意、创新性一般。B.功能（10分）功能、交通流线存在一定的问题。C.外观（10分）建筑外观造型普通，与周边环境协调性一般。D.特色属性（10分）未能表达题目要求的时代性、文化性等特色要求或表达存在一定问题。	A.方案整体构思（10分）方案主要功能与题目要求存在较大差异，构思、立意、创新性差。B.功能（10分）功能、交通流线存在较大的问题。C.外观（10分）建筑外观造型存在问题，与周边环境协调性差。D.特色属性（10分）未能表达题目要求的时代性、文化性等特色要求。
	优秀档此项得分 30—40分	良好档此项得分 20—29分	一般档此项得分 10—19分	差档此项得分 0—9分
三、设计表现 20分	A.整体表达（10分）版面整洁，整体构图美观、协调。B.表达技巧（10分）色彩协调，表达技巧优秀，设计思路突出。	A.整体表达（10分）版面较整洁，整体构图较协调。B.表达技巧（10分）色彩较协调，表达技巧良好，设计思路较突出。	A.整体表达（10分）版面一般，整体构图一般。B.表达技巧（10分）色彩协调性与表达技巧一般。	A.整体表达（10分）版面较差，整体构图较差。B.表达技巧（10分）色彩协调性与表达技巧较差。
	优秀档此项得分 15—20分	良好档此项得分 10—14分	一般档此项得分 5—9分	一般档此项得分 0—4分

六、学习资源

1.使用教材

本课程为指导性课程，不设定统一教材，有大量专业书籍作为参考书。

2.主要参考书籍

[1][荷]赫曼·赫茨伯格. 建筑学教程1：设计原理[M]. 天津：天津大学出版社，2015.

[2][荷]赫曼·赫茨伯格. 建筑学教程2：空间与建筑师[M]. 天津：天津大学出版社，2017.

[3]建筑设计资料集编委会. 建筑设计资料集（1—8）[M]. 北京：中国建筑工业出版社，2017.

[4][美]弗郎西斯·D. K. 钦. 建筑：形式·空间和秩序（第三版）[M]. 北京：中国建筑工业出版社，2008.

[5][美]保罗·拉索. 图解思考——建筑表现技法（第三版）[M]. 北京：中国建筑工业出版社，2002.

[6]张文忠. 公共建筑设计原理（第四版）[M]. 北京：中国建筑工业出版社，2008.

[7]罗玲玲. 建筑设计创造力开发教程[M]. 北京：中国建筑工业出版社，2003.

[8]张伶伶，李存东. 建筑创作思维的过程与表达（第二版）[M]. 北京：中国建筑工业出版社，2014.

[9][美]克拉克，波斯. 世界建筑大师名作图析（原著第四版）[M]. 北京：中国建筑工业出版社，2016.

[10][瑞士]德普拉泽斯. 建构建筑手册[M]. 大连：大连理工出版社，2014.

3.其他资源

通过"学习通"对学生进行考核、上传学习资料、测试学习情况等。

七、学习建议

1.严格按照超星学习通内的课程安排，完成各项学习任务。本课程要求熟练使用网络，能够在规定时间内独立完成作业提交等任务。

2.本课程线下学习，涉及小组讨论与互评、班级交流、个人PPT汇报等，要求能够参与团队活动，客观评价他人学习。

3.本课程知识覆盖面较广，内容较多，需要大家课上和课后自主学习，合理安排学习时间，完成相关学习，达成学习目标。

4.学有余力的同学建议观看课程相关教学视频和网站资源、公众号文章，不断拓展自己专业学习的深度和广度。

5.本课程严禁由他人代替绘图或者抄袭他人设计，一旦发现违规者，本门课程成绩为不及格。本课程线下学习，请根据课程安排和课程当日通知，按时参加线下课程。不得迟到、早退、无故旷课。缺席一次作业，成绩扣20分（及时出示假条除外，后补假条无效）。

6.请在规定时间内上交相关图纸，如果没有按规定时间内交作业，每晚交一天，该图纸成绩下调10分，按天数累计，超过7天者无图纸成绩。

《风景园林学综合实验Ⅳ》课程实验

一、课程基本信息

课程名称	风景园林学综合实验Ⅳ		
英文名称	Comprehensive Experiment of Landscape Architecture Ⅳ		
课程学时	16	课程学分	0.5
课程类别	实验课	课程性质	必修
开课学期	第4学期	实验属性	专业实验
适用专业	风景园林与园林		
先修课程	植物学、园林生态学、园林设计		
考核方式	过程性考核（100%）		

二、课程简介

　　《风景园林综合实验Ⅳ》是风景园林专业的重要专业课程，该门课程系统研究园林树木的形态特征、生物学特性、生态学特性、观赏特性及园林应用。本课程的教学内容主要包括园林树木的学习方法；园林树木的分类、作用、选择与配置；我国常见树种的形态特征、识别要点、习性、观赏特性和园林用途。本课程的重点是园林树木的识别及应用，难点是园林树木的形态解剖。

三、课程目标

1.课程目标

课程目标1：掌握园林树木分类、生长发育规律、生态习性、园林树木的作用、园林树木的配置、环境园林树种调查与规划等基础知识。掌握400余种园林树木的形态、分布、习性、繁殖及园林用途。可支撑毕业要求5.2。

课程目标2：掌握园林树木的分类方法，了解植物分类工具书的使用方法，会正确检索和鉴定树种、编制检索表、采集树木标本等基本技能和方法，具有识别主要树种的能力。可支撑毕业要求5.3。

课程目标3：做到尊敬师长，严于律己，宽以待人，智慧处事，热爱自然；树立终身学习的意识；多作贡献，具有团队协作精神。可支撑目标1.1—1.3。

2.课程目标与毕业要求的指标点对应关系

课程目标	毕业要求指标点
课程目标1—3	5.2能够运用园林专业理论和方法、信息与工程技术、生物技术、现代经营管理技术等对园林及相关领域的复杂问题进行识别、判断、系统分析和研究，获得有效结论
课程目标1—3	5.3能够运用园林植物栽培、养护、选育方面的专业知识，分析和研究园林植物生产、应用、养护管理中的实际问题，提出相应对策和建议或多样性的解决方案
课程目标1—3	6.1具有申辩思维能力，能够从多视角发现园林设计、园林工程、园林植物栽培与应用方面存在的问题

四、课程的教学内容、基本要求与学时分配

序号	项目及内容	教学基本要求	学时分配	实验类型	实验方式	对应课程目标	课程思政融入点
1	实验一：园林树木的物候期观察	课前学习通预习本节内容，完成以下学习目标： 1.掌握园林树木学的概念。 2.了解园林树木在城乡建设中的作用。（学生讨论说明） 3.归纳园林树木种质资源的特点。	4	验证	线下操作	2.3	根据城市园林植物物候期的变化趋势可以更好地实现高效的园林养护
2	实验二：落叶树种冬态识别	1.掌握植物分类方法和命名方法。 课上练习双名法，课后完成拉丁名读音自主学习和编制检索表。 2.掌握园林建设中的分类方法并能应用。	4	认知	线下操作	2.3	无
3	实验三：裸子植物识别与分种检索表的编制	课前预习本节内容，完成以下学习目标，并整理在笔记上： 1.记忆离心生长、离心秃裸、向心更新和向心枯亡概念。 2.总结园林绿化树种物候观测方法。	4	认知	线下操作	2.3	无
4	实验四：被子植物离瓣花树种识别	课前学习通预习本节内容，完成以下学习目标，并整理在笔记上： 1.归纳温度、光照、水分、空气因子对植物的影响。 2.总结城市环境特点及与树木生长的关系。	4	认知	线下操作	2.3	无
			16				

五、考核与成绩评定

1.考核环节及权重

课程目标	过程性（%）				成绩比例（%）
	出勤	作业/考试	实习报告	……	
1	10				10
2		20			20
3			70		70
合计	10	20	70		100

2.各考核环节评价标准

序号	考核方式	所占比例	对应课程目标	对应毕业要求支撑点	评分标准
1	出勤	10%	1	5.2	课堂签到：缺勤1次扣2分，缺勤2次扣5分，缺勤3次扣10分
2	作业/考试	20%	1	5.2 5.3	学习通章节测验，客观题
3	实验报告	70%	2.3	5.2 5.3 6.1	实验报告成绩为4次实验报告的平均值，评价标准为实验报告书写工整规范（60分），实验结果真实准确（20分），实验分析（20分）
合计		100%			

六、学习资源

1.使用教材
卓丽环等.园林树木学[M].北京：中国林业出版社，2019.

2.主要参考书籍
张天麟.园林树木1600种[M].北京：中国建筑工业出版社，2010.

3.其他资源
通过"学习通"对学生进行考核、上传学习资料、测试学习情况等。

七、学习建议

1.课前预习，课后复习
结合《园林树木学》课程的教学特点，利用课程网站和学习通上的课程教学资源，鼓励课外自学。

2.积极参与，自觉思考
教学方法上，主要采用了讨论式、参与式教学等，提高学生学习积极性和兴趣。

3.学术诚信
在考试期间，学生不得使用、提供或接受未经授权的任何帮助或信息，不得作弊。其他事宜按照吉林农业大学相关规定执行。

《风景园林学综合实验 V 》课程实验

一、课程基本信息

课程名称	风景园林学综合实验 V		
英文名称	Comprehensive Experiment of Landscape Architecture V		
课程学时	16	课程学分	0.5
课程类别	专业基础课	课程性质	必修
开课学期	第4学期	实验属性	专业实验
适用专业	风景园林		
先修课程	花卉学、树木学		
考核方式	过程性考核（100%）		

二、课程简介

《风景园林综合实验 V 》是风景园林专业重要的专业基础课程，该门课程系统研究园林花卉的形态特征、生物学特性、生态学特性、观赏特性及园林应用。本课程的教学内容主要包括花卉的分类、花卉的作用、花卉选择与应用；南北方常见露地花卉、温室花卉的形态特征、识别要点、习性、观赏特性和园林用途。本课程的重点是园林花卉的识别及应用，难点是相同科属花卉的识别方法。

三、课程目标

1.课程目标

课程目标1：通过对温室花卉的识别及生态习性的掌握，对家庭常用室内花卉进行分类，分类形式主要包括：观花、观叶、观果为主的植物材料种类，多肉、兰科、有香味的植物材料。

课程目标2：能够通过花器官的观察，识别吉林农业大学校内露地花卉30种。

课程目标3：能够根据所给的内容进行花坛设计、花境设计，能够突出主题、强调植物季节性、搭配合理的建筑及景观小品，植物名录表规范合理。

课程目标4：做到尊敬师长，严于律己，宽以待人，智慧处事，热爱自然；树立终身学习的意识；多作贡献，具有团队协作精神。

2.课程目标与毕业要求的指标点对应关系

课程目标	对应毕业要求指标点
1	2.2掌握植物学和生态学基础知识，能够识别植物，掌握植物的生物学特性和生态学习性的基础知识
2	3.5能够对风景园林植物应用领域相关问题进行综合分析和研究，并提出相应对策或解决方案
3	4.3具有较好的书面和语言的表达能力，熟练使用相关的技术手段，对风景园林设计成果进行准确、清晰、艺术的表达和展示

四、课程的教学内容、基本要求与学时分配

序号	项目及内容	教学基本要求	学时分配	实验类型	实验方式	对应课程目标	课程思政融入点
1	实验一：长春市温室花卉识别	1.掌握温室花卉的概念。 2.掌握温室花卉的生长习性。 3.掌握40—50种长春市常见的温室花卉。	4	认知性	线下操作	1	无
2	实验二：长春市露地花卉识别	1.能够阐述露地花卉的概念。 2.掌握长春市常见的露地花卉有哪些。 3.能够将长春市常见露地花卉根据一二年生草花、多年生宿根、球根、乔灌木进行分类。 4.能够根据给定的场景及要求，选用合适的露地花卉进行配置。	4	认知性	线下操作	1	无
3	实验三：花坛设计	能够根据设定的主题，搭配建筑及景观小品，合理选用具有生态适应性的植物材料进行花坛植物种植设计，完成平面图、立面图、效果图	4	设计性	线下操作	2.3	无
4	实验四：花境设计	能够根据设定的主题，搭配建筑及景观小品，合理选用具有生态适应性的植物材料进行花境植物种植设计，完成平面图、立面图、效果图	4	设计性	线下操作	2.3	无

五、考核与成绩评定

1.考核过程及分值

课程目标	过程性（%）		成绩比例（%）
	植物识别	图纸	
1	40		40
2		60	60
合计	40	60	100

2.各考核环节评价标准

考核方式	评价标准
植物识别	每人每次植物识别10种，满分10分
图纸绘制	每次图纸内容详实、植物配置合理，绘图规范得30分

六、学习资源

1.主要参考数据

[1]包满珠.花卉学 第3版[M].北京：中国农业出版社，2011.

[2]苏雪痕.植物景观规划设计[M].北京：中国林业出版社，2012.

2.其他资源

通过"学习通"对学生进行考核、上传学习资料、测试学习情况等。

七、学习建议

规范操作，设计创新。

《风景园林学综合实验Ⅵ》课程实验

一、课程基本信息

课程名称	风景园林学综合实验Ⅵ		
英文名称	Comprehensive Experiment of Landscape Architecture Ⅵ		
课程学时	48	课程学分	1.5
课程类别	专业核心课	课程性质	必修
开课学期	第4学期	实验属性	专业实验
适用专业	风景园林		
先修课程	风景园林规划设计、风景园林学综合实验I、风景园林学综合实验Ⅱ		
考核方式	过程性考核（100%）		

二、课程简介

《风景园林学综合实验Ⅵ》是风景园林专业的核心课程之一，课程通过花境专项设计、小尺度游园设计及中尺度公园设计，训练学生将所学过的园林规划设计及园林配置课程的设计理论与实际设计项目相结合，正确运用设计理论、设计规范及设计图纸语言，进行游园及综合公园总体及植物景观专项设计。本门课与风景园林规划设计和园林植物配置两门课程密切相关，课程旨在培养学生综合分析素养、解决具体设计问题的能力，最终达到提高学生设计能力和设计水平的目的。

三、课程目标

1.课程目标

课程目标1：

（1）掌握综合公园规划设计及植物景观规划设计的基本程序。

（2）掌握与游园及综合公园设计相关的设计理论、设计原则和设计手法，并将其应用于具体的设计中，为后续的规划设计课程及毕业设计奠定坚实的设计基础。

（3）掌握草本植物、木本植物以及植物与地形、水体、建筑、道路等要素搭配的设计理论、原则和手法，并能将其应用于具体的游园和公园设计中，为后续规划设计课程奠定坚实的植物设计基础。

课程目标2：

（1）具备综合运用造型艺术基础、风景园林规划设计等课程的相关知识和原理，进行游园及综合公园设计的能力。

（2）具备综合运用园林植物学、园林植物配置等课程的相关知识和原理，进行植物景观专项规划及设计的能力。

（3）具备进行游园及综合公园的竖向设计、空间设计的能力。

课程目标3:

（1）通过实验课设计，培养学生的综合分析素养。

（2）通过实验课上的小组评图，培养学生交流能力、语言表达能力及团队合作能力。

2.课程目标与毕业要求的指标点对应关系

课程目标	对应毕业要求指标点
1	2.2具有较高的艺术素养，在环境建设时能够遵循艺术原理指导实践
2	2.2能够合理利用园林设计要素按照功能、经济、艺术条件设计园林景观
3	5.3—5.4能够积极主动与团队中不同分工的成员团结协作、职责分明、取长补短、群策群力、共同完成工作。能胜任团队成员角色与责任，具有勇于担当，能倾听其他团队成员的意见，虚心纳谏并合理取舍的素质

四、课程的教学内容、基本要求与学时分配

序号	项目及内容	教学基本要求	学时分配	实验类型	实验方式	对应课程目标	课程思政融入点
1	实验一：小游园设计——前期分析	通过对设计主题及设计场地周边用地性质与人群的思考，运用合理的图示语言表达现状情况，并为总体方案设计阶段提供有效依据	4	设计	线下操作	1	逻辑清晰，能运用科学的思维方式认识事物、解决问题
2	实验一：小游园设计——总体方案设计	在前期分析和相关案例查询的基础上，合理立意，锻炼学生中等尺度场地综合设计的能力	4	设计	线下操作	1	古今中外传统园林文化和成果

续表

序号	项目及内容	教学基本要求	学时分配	实验类型	实验方式	对应课程目标	课程思政融入点
3	实验一：小游园设计——总体方案设计	在前期分析和相关案例查询的基础上，合理布局，锻炼学生中等尺度场地综合设计的能力	4	设计	线下操作	2	园林文化艺术的多样性，发现、感知、欣赏、评价美的重要意义
4	实验一：小游园设计——植物景观专项设计	通过小游园设计的季相分析，考查学生对季相设计的理解和表达，让学生在实际设计中，体会植物季相变化的景观效果以及如何与各种配置形式相结合，锻炼学生植物景观专项设计的能力	4	设计	线下操作	2	明确各种种植形式应用条件，培养学生多角度、辩证地分析问题
5	实验一：小游园设计——讲评	通过小组互评以及教师讲评，从设计作品的优缺点中理解中等尺度场地总体设计及植物景观专项设计的要点，锻炼学生的表达能力，提高其合作能力	4	设计	线下操作	2.3	培养学生主动作为
6	实验二：公园规划设计——前期分析	通过前期踏查，培养学生对空间尺度的敏感性和对设计场地及周边用地性质与人群的思考，运用合理的图示语言表达现状情况，并为总体方案设计阶段提供有效依据	4	设计	线下操作	1	求真精神，基本的科学原理和方法的运用
7	实验二：公园规划设计——总体方案设计	在前期分析和相关案例查询的基础上，合理立意，锻炼学生较大尺度场地综合设计的能力	4	设计	线下操作	1	生活中的艺术表达、艺术创意的重要性等

序号	项目及内容	教学基本要求	学时分配	实验类型	实验方式	对应课程目标	课程思政融入点
8	实验二：公园规划设计——总体方案设计	在前期分析和相关案例查询的基础上，合理布局，锻炼学生较大尺度场地综合设计的能力	4	设计	线下操作	1	以人为本
9	实验二：公园规划设计——植物专项设计	通过校园规划设计方案的季相分析，考察学生对中等尺度场地季相设计的理解，让学生在实际设计中，体会植物季相变化的景观效果以及如何与各种配置形式相结合，锻炼学生植物景观专项设计的能力	4	设计	线下操作	2	敬畏自然，人和自然的关系，绿色生活方式和可持续发展理念
10	实验二：公园规划设计——详细设计	学生能够熟练地绘制各类专项图纸，制图规范	4	设计	线下操作	2	无
11	实验二：公园规划设计——详细设计	通过课上教师讲评总体方案图和各专项图纸，督促学生对设计初稿再一次进行修改，锻炼学生高质量完成一整套文本的能力	4	设计	线下操作	2	问题意识；独立思考、独立判断
12	实验二：公园规划设计——讲评	通过小组互评以及教师讲评，从设计作品的优缺点中理解中等尺度场地总体设计及植物景观专项设计的要点，锻炼学生的表达能力，提高其合作能力	4	设计	线下操作	2.3	大胆尝试，积极寻求有效的问题解决方法的能力和韧性

五、考核与成绩评定

1.考核环节及权重

课程目标	过程性（%）			成绩比例（%）
	课堂表现	小尺度设计	中尺度设计	
1	10		10	20
2		20	10	30
3		20	30	50
合计	10	40	50	100

2.各考核环节评价标准

序号	考核方式	所占比例	评分标准	考核说明
1	课堂表现	10%	1.课堂互动回答问题积极主动，回答对的问题和有质量的回答有奖励积分（老师有额外加分权）。2.讨论区主题讨论高质量回复帖：回复问题有新的见解和对问题的深度思考，字数150字以上。PBL小组内图纸上传及时，生生互评质量高，意见合理。	课堂互动回答问题，讨论区主题讨论高质量回复帖，生生互评认真对待，且能给出所评图纸高质量改进意见
2	小尺度设计	40%	布局合理，分区明确，路网分级清晰，主题及立意积极，整体设计注意轴线及景观序列的组织，注重植物搭配和小空间的设计。图面整洁，图文并茂	作业共提交2套图纸，包括现状分析图（包括方案生成图）、总体方案图、植物景观分析图、其他分析图（竖向、视线、空间）。学生实验的成绩由教师评价成绩（占60%）和小组互评成绩（占40%）组成
3	中尺度设计	50%	布局合理，分区明确，路网分级清晰，主题及立意积极，整体设计注意轴线及景观序列的组织，注重植物搭配和小空间的设计。图面整洁，图文并茂	作业共提交2套图纸，包括现状分析图（包括方案生成图）、总体方案图、植物景观分析图、其他分析图（竖向、视线、空间）。学生实验的成绩由教师评价成绩（占60%）和小组互评成绩（占40%）组成

六、学习资源

1.使用教材

刘志成.风景园林快速设计与表现[M].北京：中国林业出版社，2012.

2.主要参考书籍

[1]彭一刚.中国古典园林分析[M].北京：中国建筑工业出版社，1986.

[2]胡长龙.园林规划设计案例[M].北京：中国农业出版社，1995.

[3]鲁敏.风景园林规划设计案例解析[M].北京：化学工业出版社，2021.

[4]陈有民.园林树木学[M].北京：中国林业出版社，1990.

3.其他资源

相关专业网站有：谷德设计网（https：//www.gooood.cn）、木藕设计网（https：//mooool.com）；筑龙园林景观论坛、中国园林网、秋凌景观网、中国风景园林网、风景园林新青年、园林学习网。（后面提及的网站，用所给的关键词搜索后即可找到主页，在网站内可查找与实验相关的优秀案例。）

相关微信公众号有：风景园林部落、景观设计师、景观中国网、景观之路、生生景观、风景园林网。用关键词在公众号中搜索即可找到。在公众号内可查找与实验相关的优秀案例。

七、学习建议

1.手绘是设计的基础，平时请不要放松手绘的练习。

2.优秀案例对学生的启发超出预期，请多看优秀案例，有机会最好去实地考察。

3.观看课程相关教学视频和网站资源、公众号文章，不断拓展自己专业学习的深度和广度。

4.园林植物是植物配置的基础，可采用遇到什么学什么的即学即用方法。

《风景园林学综合实验Ⅶ》课程实验

一、课程基本信息

课程名称	风景园林学综合实验Ⅶ		
英文名称	Comprehensive Experiment of Landscape ArchitectureⅦ		
课程学时	48	课程学分	1.5
课程类别	专业核心课	课程性质	必修
开课学期	第5学期	实验属性	专业实验
适用专业	风景园林		
先修课程	风景园林规划设计原理、风景园林学综合实验Ⅰ—Ⅵ		
考核方式	过程性考核（100%）		

二、课程简介

《风景园林学综合实验Ⅶ》是风景园林专业一门必修的专业核心课程，本课程总学时为48学时，全部为实验内容。基于专业人才培养目标、学情分析及以往的教学反思，修订和完善本实验课程的教学设计，本课程为风景园林专业人才培养目标的实现起到了重要的推动作用。

通过花境设计及小尺度游园种植设计，将所学过的植物景观规划设计中设计理论与实际设计项目相结合，正确运用设计理论进行花境及小游园植物景观专项设计。通过居住区规划设计，掌握居住区规划设计的内容和方法、规划程序，独立完成任务书中的居住区规划设计。通过设计实验熟悉专业规范，提高学生分析问题和解决问题的能力以及综合规划设计能力，为后续的毕业实习与毕业设计等教学环节，以及今后从事的专业工作奠定必要的专业技能基础。

三、课程目标

1.课程目标

课程目标1：综合运用园林植物学、园林植物配置等课程的相关知识和原理，进行植物景观专项规划及设计，提高综合分析素养及景观规划设计能力。可支撑毕业要求3.3。

课程目标2：熟悉居住区规划流程，独立完成居住区规划设计并计算相关经济技术指标。可支撑毕业要求3.2。

2.课程目标与毕业要求的指标点对应关系

课程目标	毕业要求指标点
1	2.2能够运用植物学、美学、设计学的基本理论和方法，解决园林设计过程中的实际问题
2	3.2能够对风景园林规划与设计领域进行综合分析和研究，并提出相应对策或解决方案

四、课程的教学内容、基本要求与学时分配

序号	项目及内容	教学基本要求	学时分配	实验类型	实验方式	支撑课程目标	课程思政融入点
1	实验一：花境设计——①案例分析②现状分析	①通过案例分析了解设计最终呈现的成果。②通过现状分析，思考设计场地及周边用地性质与服务人群的关系。③运用合理的图示语言表达现状及现状分析。	4	设计性实验	线下操作	1	培养学生的职业责任、理想信念、科研价值理念
2	实验一：花境设计——设计图纸绘制	①编写设计任务书。②绘制花境植物种植设计的平面图及立面图。③完成植物名录及方案的设计说明。④有能力绘制效果图。	4	设计性实验	线下操作	1	培养学生形成高度的专业生态审美
3	实验一：花境设计——设计讲评	①制定花境组内互评评分标准。②理解花境种植设计的特点。③掌握花境种植设计要点。	4	设计性实验	线下操作	1	价值引领，引发学生的知识共鸣
4	实验二：小游园设计——现状分析	①掌握设计主题及周边用地性质与服务人群的关系。②完成小游园场地的前期分析，运用合理的图示语言绘制标准现状分析图纸。③编写设计说明书现状分析部分内容。	4	设计性实验	线下操作	1	培养学生形成高度的专业生态审美

续表

序号	项目及内容	教学基本要求	学时分配	实验类型	实验方式	支撑课程目标	课程思政融入点
5	实验二：小游园设计——总体方案设计	①合理立意及布局。②绘制总体方案空间分析图。③绘制出小游园设计总平面图。④撰写设计说明书总体方案设计部分内容。	4	设计性实验	线下操作	1	综合运用学科基础知识和技能，热爱生态环境
6	实验二：小游园设计——植物景观专项设计	①进行季相布局，绘制季相布局分析图。②确定主调树种、基调树种和配调树种。③绘制种植设计图。④撰写设计说明书植物景观设计部分内容。	4	综合实验	线下操作	1	在规划设计用地上为实现物质空间，经济、文化社会的发展提升提出具体的规划建设方案
7	实验二：小游园设计——设计讲评	①制定小游园设计组内互评评分标准。②掌握小游园设计要点。③掌握中等尺度场地植物景观规划设计的特点。	4	综合实验	线下操作	2	培养学生职业素养，建立社会责任感
8	实验三：优秀绿地规划设计案例分析——①城市绿地系统规划文本解读。②各类绿地设计案例分析。	①鉴赏优秀城市绿地系统规划案例优点及其特色。②明确本课程评价方法。	4	综合实验	线下操作	2	学到专业前沿理论，又将成果积极服务于国家的重大需求战略，培养学生形成高度的专业责任感

续表

序号	项目及内容	教学基本要求	学时分配	实验类型	实验方式	支撑课程目标	课程思政融入点
9	实验四：居住区绿地的规划设计练习与节点设计——居住区儿童活动场地节点设计	归纳和总结居住区儿童活动场地的绘制表达方法	4	综合实验	线下操作	2	关怀儿童群体，共同建造开放社区花园专业的社会责任感
10	实验四：居住区绿地的规划——①老年人活动场地景观节点设计。②无障碍设计要点。	①老年人活动场地景观设计绘制与表达方法。②无障碍设计规范的学习。	4	综合实验	线下操作	2	关怀老龄群体，共同建造开放社区花园专业的社会责任感
11	实验五：广场绿地的规划设计练习与节点设计——①城市开敞空间绿地节点设计。②商业中心区活动场地景观节点设计。	①通过广场绿地设计的练习，学会简单图纸的绘制与平面图、立面图的规范表达。②学会快题设计图纸的布局与简单效果图的绘制。	4	综合实验	线下操作	2	职业精神和宽阔视野
12	实验六：道路绿地的规划设计练习与节点设计——①城市道路绿地节点设计。②停车场场地节点设计。	①通过道路绿地设计的练习，学会简单图纸的绘制与平面图、立面图的规范表达。②学会快题设计图纸的布局与简单效果图的绘制。	4	综合实验	线下操作	2	学习专业前沿理论，培养积极关怀社会、热爱环境的思想情感

五、考核与成绩评定

1.考核环节及权重

课程目标	过程性（%）				成绩比例（%）
	考核方式1	考核方式2	考核方式3	考核方式4	
1	5	10	15	10	40
2	5	10	15	30	60
合计	10	20	30	40	100

2.各考核环节评价标准

过程性考核总成绩由以下几部分构成，具体考核方式及标准如下：

序号	考核方式	所占比例	对应课程目标	对应毕业要求支撑点	评分标准	考核说明
1	课堂表现	10%	1.2	2.2	课堂互动回答问题积极主动，回答对的问题和有质量的回答有奖励积分；讨论区主题讨论高质量回复帖；回复问题有新的见解和对问题的深度思考。PBL小组作业完成及时，生生互评质量高，意见合理	课堂互动回答问题，讨论区主题讨论高质量回复帖，生生互评认真对待，且能给出所评图纸高质量改进意见
2	花境设计	20%	1	3.2	图纸图面干净，布局美观大方，符合花境设计要求，花期错落，竖向层次清晰，仿宋字字迹优美、清晰，内容交代清楚。设计说明条理清晰，表达内容清楚完整，正确使用专业术语，语言优美。具体见附件1	本次实验共提交1张图纸，包括现状分析图、平面图、效果图、植物名录表、设计说明书等内容。学生本次实验的成绩由教师评价成绩（占70%）和小组互评成绩（占30%）组成

序号	考核方式	所占比例	对应课程目标	对应毕业要求支撑点	评分标准	考核说明
3	小游园设计	30%	1	3.2	分区合理并且与周围用地性质紧密关联，各园林要素合理搭配，尺度精准。图面整洁，图文并茂。设计说明条理清晰，表达内容清楚完整，正确使用专业术语，语言优美。具体见附件1	本次实验共提交3张图纸，包括现状分析图（包括方案生成图）、总体方案图、植物景观分析图。学生本次实验的成绩由教师评价成绩（占70%）和小组互评成绩（占30%）组成
4	居住区规划	40%	2	3.2	具体见附件2	学生总成绩按各考核方式成绩折算后计算总和

附件1：

花境及小游园设计图纸评分标准

项目	指标	分值	教师评价
现状分析（0—20分）	对场地及其周边环境的分析深入、合理，对现状存在的问题归纳准确，解决问题的原则和战略正确、针对性强	15—20	
	对场地及其周边环境的分析比较深入，比较合理，对现状存在的问题归纳比较准确，解决问题的原则和战略比较正确、针对性较强	8—14	
	对场地及其周边环境有一定分析，比较合理，对现状存在的问题有一定归纳，比较准确，解决问题的原则和战略比较正确、有一定针对性	0—7	
整体布局（0—15分）	植物景观空间布局合理，结构关系明确，空间组织清晰，空间尺度准确，整体关系协调	11—15	
	植物景观空间布局比较合理，结构关系比较明确，空间组织比较清晰，空间尺度比较准确，整体关系比较协调	6—10	
	植物景观空间布局基本合理，结构关系基本明确，空间组织基本清晰，空间尺度基本准确，整体关系基本协调	0—5	

续表

项目	指　标	分值	教师评价
方案设计 （0—50分）	设计成果与现状分析、设计目标、概念主题的逻辑性强，关联度高，植物空间建构清晰、合理，设计分析深入，景观的文化、生态、美学及社会效益好	36—50	
	设计成果与现状分析、设计目标、概念主题的逻辑性比较强，关联度比较高，植物空间建构比较清晰与合理，设计分析比较深入，景观的文化、生态、美学及社会效益比较好	18—35	
	设计成果与现状分析、设计目标、概念主题有一定逻辑性，有一定关联度，植物空间建构基本清晰，有一定的设计分析，景观具有一定的文化、生态、美学及社会效益	0—17	
图纸表达 （0—15分）	内容表述清楚规范，图文比例得当，色图文比例得当，色彩搭配协调	11—15	
	内容表述比较清楚和规范，图文比例比较得当，色图文比例比较得当，色彩搭配比较协调	6—10	
	内容表述基本符合规范，图文比例、色图文比例基本和谐，色彩搭配基本协调	0—5	
总分100分			

附件2：

居住区规划图纸评分标准表

项目	指标	分值	教师评价
总图设计 （0—50分）	总平面图布局合理，符合规范标准（各项用地界线确定及布置，住宅建筑群体空间布置，公建设施及社区中心布置，道路结构走向，停车设施以及绿化布置）	40—50分	
	总平面图布局较合理，局部存在不符合规范标准	30—39分	
	总平面图布局不合理，存在多处不符合规范标准	30分以下	

· 62 ·

续表

项目	指标	分值	教师评价
构思分析（0—30分）	设计分析图纸表达全面，质量高：包括基地现状及区位关系图、基地地形分析图；规划设计分析图规划结构与布局、道路系统、公建系统、绿化系统和空间环境等分析；建筑选型分析图等	20—30分	
	设计分析图纸表达较全面，质量一般，部分分析不到位，深度不足	10—19分	
	设计分析图纸表达质量不达标，分析图纸不全，分析深度不足	0—9分	
文字描述（0—10分）	设计解析文字说明清晰、条理流畅，表达语言优美	8—10分	
	语言一般，基本通顺，基本无错别字	4—7分	
	语言不通顺，较多错别字，表述不标准	1—3分	
版面布局（0—10分）	排版布局美观合理，重点突出、图纸整体完整度高	8—10分	
	排版布局美观较合理，重点较突出、图纸整体完整度一般	4—7分	
	排版布局美观不合理，重点不突出、图纸整体完整度不高	1—3分	
总分100分		得分	

六、学习资源

1.使用教材

刘志成.风景园林快速设计与表现[M].北京：中国林业出版社，2012.

2.主要参考书籍

[1]吴志强，李德华.城市规划原理 第四版[M].北京：中国建筑工业出版社，2020.

[2]王珺，宋睿，李婧. 城市规划快题设计[M]. 北京：化学工业出版社，2012.

[3]陈瑞丹，周道瑛. 园林种植设计（第2版）[M]. 北京：中国林业出版社，2019.

[4]李昊，周志菲. 城市规划快题考试手册[M]. 武汉：华中科技大学出版社，2020.

3.其他资源

通过"学习通"对学生进行考核、上传学习资料、测试学习情况等。

七、学习建议

1.严格按照超星学习通内的课程安排，完成各项学习任务。本课程要求熟练使用网络，能够在规定时间内独立完成作业提交等任务。

2.本课程线下学习，涉及小组讨论与互评、班级交流、个人PPT汇报等，要求能够参与团队活动，客观评价他人学习。

3.本课程知识覆盖面较广，内容较多，需要大家课上和课后自主学习，合理安排学习时间，完成相关学习，达成学习目标。

4.学有余力的同学建议观看课程相关教学视频和网站资源、公众号文章，不断拓展自己专业学习的深度和广度。

5.本课程严禁由他人代替绘图或者抄袭他人设计，一旦发现违规者，本门课程成绩为不及格。本课程线下学习，请根据课程安排和课程当日通知，按时参加线下课程。不得迟到、早退、无故旷课。缺席一次作业成绩扣20分（及时出示假条除外，后补假条无效）。

6.请在规定时间内上交相关图纸，如果没有按规定时间内交作业，每晚交一天，该图纸成绩下调10分，按天数累计，超过7天者无图纸成绩。

《风景园林学综合实验Ⅷ》课程实验

一、课程基本信息

课程名称	风景园林学综合实验Ⅷ		
英文名称	Comprehensive Experiment of Landscape Architecture Ⅷ		
课程学时	32	课程学分	1
课程类别	专业核心课	课程性质	必修
开课学期	第6学期	实验属性	专业实验
适用专业	风景园林		
先修课程	风景园林规划设计、景观生态学、城市园林绿地规划、城市规划原理		
考核方式	过程性考核（100%）		

二、课程简介

通过《风景园林学综合实验Ⅷ》使学生掌握城市园林绿地规划设计的内容和方法、规划程序，独立完成滨水绿地、居住区绿地等规划设计的综合分析，规划设计各类绿地，培养学生解决问题的能力和实践设计能力。掌握相关规范标准的具体内容，提升图纸表达的综合能力，为后续的毕业实习与毕业设计等教学环节的顺利完成奠定基础，为毕业后从事风景园林规划设计等有关工作储备必要的知识与技能基础。

三、课程目标

1.课程目标

课程目标1：遵循城市绿地分类标准、公园设计规范等指导各类绿地的规划设计。

课程目标2：在绿地规划设计现状分析的基础上，结合生态学设计理念与原则，综合运用本学科的相关知识完成设计任务相关的图纸。

课程目标3：以滨水绿地等专类绿地为设计对象，通过设计任务完成规划设计全流程并制作设计展板。

2.课程目标与毕业要求的指标点对应关系

课程目标	毕业要求指标点
1	2.2具有较高的艺术素养，在环境建设时能够遵循艺术原理指导实践
2	5.2具有逻辑严谨、创意突出、专业自信、谦恭服务的专业素养，能够因时、因地、因人制宜地与专业和非专业人士进行沟通交流
3	6.1能够认识到持续学习和不断探索的必要性，具有自主学习和终身学习的意识，掌握自主学习的方法，了解拓展知识和能力的途径

四、课程的教学内容、基本要求与学时分配

序号	项目及内容	教学基本要求	学时分配	实验类型	实验方式	支撑课程目标	课程思政融入点
1	设计场地分析：①参照绿地规划相关设计规范②解读设计任务书和上位规划③场地现状分析	①设计任务书内设计场地的现状分析②相关优秀案例分析	4	设计性实验	线下操作	1	培养学生的职业责任、理想信念、科研价值理念
2	设计立意与构思：①绿地规划设计立意的确定②相关案例构思与立意的借鉴与学习	①确定滨水绿地规划设计的主题②确定滨水绿地规划的功能分区泡泡图及绘制现状分析图③确定主题表达与功能分区中主要节点之间的关联	4	设计性实验	线下操作	1	培养学生形成高度的专业责任感与服务国家、服务社会的工匠精神
3	平面图的绘制：①绿地规划功能分区的原则与方法②绿地规划道路布局	①绿地规划平面草图的绘制②修改设计平面图并完成设计入口及园路分级	4	设计性实验	线下操作	1	价值引领，引发学生的知识共鸣
4	节点细节的完善：①绿地规划设计重要节点的设计与表达②立面图的绘制	①完成绿地规划平面的重要节点的设计②完善设计平面图并完成立面图	4	设计性实验	线下操作	2	学到专业前沿理论，将成果积极服务于国家的重大需求战略

序号	项目及内容	教学基本要求	学时分配	实验类型	实验方式	支撑课程目标	课程思政融入点
5	立面图及效果图的表达：①绿地规划设计分析图的绘制②效果图、意向图的制作方法	①完成绿地规划的效果图的设计②完成设计相关分析图的绘制	4	设计性实验	线下操作	3	综合运用学科基础知识和技能，针对具体的城乡建设基地、背景条件，以国家高质量发展理念为导向
6	绿地规划设计鸟瞰图的表达：①绿地规划设计鸟瞰图的绘制②局部效果图、植物种植设计分析图的制作	①完成绿地规划的鸟瞰图②设计制作植物种植设计图、局部节点效果图等	4	综合实验	线下操作	3	在规划设计用地上为实现物质空间，经济、文化社会的发展提升提出具体的规划建设方案
7	设计后期制作：①绿地规划设计说明的撰写②设计展板布局	①结合自己的设计方案完成绿地规划设计说明书的撰写②完成展板的设计制作	4	综合实验	线下操作	3	培养规划学科和专业的社会责任感
8	设计评价：①设计图纸综合评价②查漏补缺完善图纸	①设计方案的汇报展示②其他组设计方案的评价与点评	4	综合实验	线下操作	3	学到专业前沿理论，又将成果积极服务于国家的重大需求战略，培养学生形成高度的专业责任感

五、考核与成绩评定

1.考核环节及权重

课程目标	过程性（%）				成绩比例（%）
	考核方式1	考核方式2	考核方式3	考核方式4	
1	5		5	10	20
3	5	5	5	15	25
2		5	5	10	20
4	5	5	5	15	30
合计	15	15	20	50	100

2.各考核环节评价标准

过程性考核成绩由以下几部分构成综合评价：

（1）场地分析（5%）：设计任务书内设计场地的现状分析的深度。

（2）设计立意与构思（5%）：确定滨水绿地规划设计的主题创新性。

（3）功能分区（5%）：规划的功能分区及现状分析图合理性。

（4）平面图（20%）：规划平面的重要节点的设计合理性。

（5）立面及效果图（5%）：规划的效果图设计、立面图和鸟瞰图的绘制完成度。

（6）设计说明及汇报展示（10%）：设计方案的汇报展示及设计说明的可读性。

（7）展板评价标准（50%）：每一部分学习内容章节测试的成绩与平时课前考试的成绩加在一起取平均分构成本部分的最终成绩。

绿地规划设计图纸评分标准表

项目	指标	分值	教师评价
总图设计 （0—50分）	总平面图布局合理，符合规范标准（各项用地界线确定及布置，住宅建筑群体空间布置，公建设施及社区中心布置，道路结构走向，停车设施以及绿化布置）	40—50分	
	总平面图布局较合理，局部存在不符合规范标准	30—39分	
	总平面图布局不合理，存在多处不符合规范标准	30分以下	
构思分析 （0—30分）	设计分析图纸表达全面，质量高：包括基地现状及区位关系图、基地地形分析图；规划设计分析图规划结构与布局、道路系统、公建系统、绿化系统和空间环境等；建筑选型分析图等	20—30分	
	设计分析图纸表达较全面，质量一般，部分分析不到位，深度不足	10—19分	
	设计分析图纸表达质量不达标，分析图纸不全，分析深度不足	0—9分	
文字描述 （0—10分）	设计解析文字说明清晰、条理流畅，语言表达优美	8—10分	
	语言一般，基本通顺，基本无错别字	4—7分	
	语言不通顺，较多错别字，表述不标准	1—3分	
版面布局 （0—10分）	排版布局美观合理，重点突出，图纸整体完整度高	8—10分	
	排版布局美观较合理，重点较突出，图纸整体完整度一般	4—7分	
	排版布局美观不合理，重点不突出，图纸整体完整度不高	1—3分	
总分100分		得分	

六、学习资源

1.使用教材
杨赉丽.城市园林绿地规划 第五版[M].北京：中国建筑工业出版社，2020.

2.主要参考书籍
[1]吴志强，李德华.城市规划原理 第四版[M].北京：中国建筑工业出版社，2020.

[2]王珺，宋睿，李婧.城市规划快题设计[M].北京：化学工业出版社，2012.

[3]李昊，周志菲.城市规划快题考试手册[M].武汉：华中科技大学出版社，2020.

3.其他资源
通过"学习通"对学生进行考核、上传学习资料、测试学习情况等。

七、学习建议

严格按照超星学习通内的课程安排，完成各项学习任务。本课程要求熟练使用网络，能够在规定时间内独立完成线上学习和测试、作业提交等任务。本课程线下学习，涉及小组讨论与互评、班级交流、个人PPT汇报等，要求能够参与团队活动，客观评价他人学习。本课程知识覆盖面比较广，内容较多，需要大家课上和课后自主学习，合理安排学习时间，完成相关学习，达成学习目标。观看课程相关教学视频和网站资源、公众号文章，不断拓展自己专业学习的深度和广度。

本课程线上学习及测试须由本人完成，严禁由他人代替线上学习，或者代替他人进行线上学习。一旦发现违规者，本门课程成绩为不及格。本课程线下学习，请根据课程安排和课程当日通知，按时参加线下课程。不得迟到、早退、无故旷课。违规者根据实际情况扣除相应平时成绩。

《风景园林学综合实验Ⅸ》课程实验

一、课程基本信息

课程名称	风景园林学综合实验Ⅸ		
英文名称	Comprehensive Experiment of Landscape Architecture Ⅸ		
课程学时	16	课程学分	0.5
课程类别	专业核心课	课程性质	必修
开课学期	第6学期	实验属性	专业实验
适用专业	风景园林		
先修课程	风景园林规划设计、花卉学、树木学、园林设计初步		
考核方式	过程性考核（100%）		

二、课程简介

《风景园林学综合实验Ⅸ》对应园林工程实验，园林工程研究的范畴包括工程原理、工程设计、施工技术和养护管理四个方面，通过工程实验来验证理论课上所讲内容，学生不仅能够提升专业技能，还能够在实验中锻炼自己的观察力、分析力、判断力等。同时培养严谨的科学态度和团队合作精神。

三、课程目标

1.课程目标

课程目标1：掌握专业软件天正建筑和CASS的基本绘图技巧。掌握竖向设计的方法，应用专业软件计算土方工程量，根据土方工程量计算的结果分析设计方案的合理与否，可支撑毕业要求，通过分组合作设计的方式培养团队合作精神。

课程目标2：掌握园路铺装平面线型设计的图纸绘制技巧。了解不同铺装材料的价格、触觉和质感的特点。尝试不同材料、同种材料不同尺寸、不同颜色铺装组合设计效果。掌握石材面层处理的方式及图纸表达。掌握木平台的面层平面设计图示方法。掌握不同功能类型铺装的结构做法。可支撑毕业要求。

课程目标3：掌握不同类型水景的施工图纸的绘制方法和技巧，掌握不同类型假山置石施工图纸的绘制方法和技巧。可支撑毕业要求。

课程目标4：掌握绿化总图施工图纸的绘制方法和技巧。掌握乔木种植工程施工图纸的绘制方法和技巧。掌握灌木地被种植工程施工图纸的绘制方法和技巧。

2.课程目标与毕业要求的指标点对应关系

课程目标	对应毕业要求指标点
1	5.1掌握风景园林工程、风景园林建筑基本知识。 5.2具有逻辑严谨、创意突出、专业自信、谦恭服务的专业素养，能够因时、因地、因人制宜地与专业和非专业人士进行沟通交流。 5.3能够积极主动与团队中不同分工的成员团结协作、职责分明、取长补短、群策群力共同完成工作。 5.4能胜任团队成员角色与责任，具有勇于担当，能倾听其他团队成员的意见，虚心纳谏并合理取舍的素质。
2	5.1掌握风景园林工程、风景园林建筑基本知识。 5.2具有逻辑严谨、创意突出、专业自信、谦恭服务的专业素养，能够因时、因地、因人制宜地与专业和非专业人士进行沟通交流。
3	5.1掌握风景园林工程、风景园林建筑基本知识。 5.2具有逻辑严谨、创意突出、专业自信、谦恭服务的专业素养，能够因时、因地、因人制宜地与专业和非专业人士进行沟通交流。
4	5.1掌握风景园林工程、风景园林建筑基本知识。 5.2具有逻辑严谨、创意突出、专业自信、谦恭服务的专业素养，能够因时、因地、因人制宜地与专业和非专业人士进行沟通交流。

四、课程的教学内容、基本要求与学时分配

序号	项目及内容	教学基本要求	学时分配	实验类型	实验方式	对应课程目标	课程思政融入点
1	园林竖向设计	1.天正建筑软件和南方"CASS"软件的使用方法和技巧。 2.3d Max软件或者草图大师SketchUp软件对竖向设计地形进行三维建模模拟，提升竖向设计的可视性和合理性。	4	设计性实验	线上讲解＋线下操作	1—4	

续表

序号	项目及内容	教学基本要求	学时分配	实验类型	实验方式	对应课程目标	课程思政融入点
2	园路铺装设计	1.掌握园路铺装平面线型设计的图纸绘制技巧。2.了解不同铺装材料的价格、触觉和质感的特点，尝试不同材料、同种材料不同尺寸、不同颜色铺装组合设计效果。3.掌握石材面层处理的方式及图纸表达。4.掌握木平台的面层平面设计图示方法。5.掌握不同功能类型铺装的结构做法。	4	设计性实验	线上讲解+线下操作	1—4	在园林工程教学中，强调遵守专业规范和法律法规，培养学生的法治观念和职业道德
3	园林水景假山工程设计	1.掌握不同类型水景施工图纸的绘制方法和技巧。2.掌握不同类型假山置石施工图纸的绘制方法和技巧	4	设计性实验	线上讲解+线下操作	1—4	强调对传统文化的传承和对现代技术的创新应用，培养学生的创新思维和科学素养
4	园林绿化种植工程设计	1.掌握绿化总图施工图纸的绘制方法和技巧。2.掌握乔木种植工程施工图纸的绘制方法和技巧。3.掌握灌木地被种植工程施工图纸的绘制方法和技巧。	4	设计性实验	线上讲解+线下操作	1—4	通过介绍中国园林植物资源对世界的贡献，增强学生的民族自豪感和爱国热情

五、考核与成绩评定

课程成绩由设计作业（60%）+课堂表现（10%）+章节任务点（15%）

+章节测验（15%）等四部分构成。

1.考核环节及权重

课程目标	过程性（%）				成绩比例（%）
	考核方式1	考核方式2	考核方式3	考核方式4	
1	课堂表现				10
2		章节任务点			15
3			章节测验		15
4				设计作业	60
合计	10	15	15	60	100

2.各考核环节评价标准

序号	考核方式	所占比例	评分标准	考核说明
1	课堂表现	10%	课堂互动回答问题，讨论区主题讨论高质量回复帖，超星学习通课堂活动积分排名1—5名，100分；6—10名，95分；11—15名，90分；16—20名，85分；21—30名，80分；31—40名，75分；41—50名，70分；51—60名，65分；61—70名，60分	1.课堂互动回答问题积极主动，回答对的问题和有质量的回答有奖励积分。2.讨论区主题讨论高质量回复帖：回复问题有新的见解和对问题有深度思考，字数150字以上。3.参与投票、问卷、抢答、选人、讨论、测验、发帖等各项的累积积分就是课程活动积分（学习通自动给分）。
2	章节任务点	15%	累计学习次数60次满分	学习通自动评分
3	章节测验	15%	学习通章节测验	客观题学习通自动评分。主观题教师评分，详细评价标准参看每次作业发布详情中。没有按系统规定时间交作业，没有补交机会
4	设计作业	60%	进度、规范性、分工合作合理性	

六、学习资源

1.使用教材

孟兆祯.风景园林工程[M].北京：中国林业出版社，2012.

2.主要参考书籍

[1]张文英.风景园林工程[M].北京：中国农业出版社，2007.

[2]杨至德.园林工程（3版）[M].武汉：华中科技大学出版社，2013.

3.其他资源

通过"学习通"对学生进行考核、上传学习资料、测试学习情况等。

网站：

https：//www.51zxw.net/

https：//www.zhulong.com/edu/d/20676.html?f=pc_edudetail_tjkc_1_4

七、学习建议

1.学生学习建议

课前预习，课后复习，完成课后作业。

结合《园林工程》课程的教学特点，利用课程网站和学习通上的课程教学资源，供学生课前预习和课后复习，巩固所学的知识。根据参考书目录，鼓励学生进行课外自学。课后学习通上会发布与课程相关的作业，学生在规定时间内完成，巩固所学知识，为今后工作奠定基础。

2.学术诚信

（1）设计作业

要求学生独立完成课程设计作业，确保是自己的原创作品，不抄袭他人的设计或想法。

（2）合作与个人贡献

团队作业，确保每个成员都清楚自己的角色和贡献，并在最终提交时明确每个人的工作。

《园林工程概预算实验》课程实验

一、课程基本信息

课程名称	园林工程概预算实验		
英文名称	Estimate and Budget of Landscape Engineering Experiment		
课程学时	16	课程学分	0.5
课程类别	专业核心课	课程性质	必修
开课学期	第6学期	实验属性	专业实验
适用专业	风景园林		
先修课程	园林设计、花卉学、树木学、园林工程		
考核方式	过程性考核（100%）		

二、课程简介

《园林工程概预算实验》是风景园林专业的一门专业方向课，本课程主要内容包括园林工程建设概预算定额套用、园林工程量计算方法、园林工程施工图预算编制、吉林省园林绿化工程计价办法、园林工程清单计价软件的应用以及实验操作技术实践。

三、课程目标

1.课程目标

课程目标1：掌握施工图识读技巧，准确进行园林工程量计算，编制工程量清单。

课程目标2：熟练选择工程量清单，熟练查找定额并准确套用定额。掌握绿化工程养护费用的套用技巧，计算工程造价。

课程目标3：熟练掌握运用预决算软件进行工程预决算的编制技巧和方法，从而具备能够独立编制园林工程项目预结算文件的能力和水平。

2.课程目标与毕业要求的指标点对应关系

课程目标	对应毕业要求指标点
1	5.1掌握风景园林工程、风景园林建筑基本知识
2	5.2具有逻辑严谨、创意突出、专业自信、谦恭服务的专业素养，能够因时、因地、因人制宜地与专业和非专业人士进行沟通交流。 5.3能够积极主动与团队中不同分工的成员团结协作、职责分明、取长补短、群策群力共同完成工作。 5.4 能胜任团队成员角色与责任，具有勇于担当，能倾听其他团队成员的意见，虚心纳谏并合理取舍的素质。
3	5.4能胜任团队成员角色与责任，具有勇于担当，能倾听其他团队成员的意见，虚心纳谏并合理取舍的素质

四、课程的教学内容、基本要求与学时分配

序号	项目及内容	教学基本要求	学时分配	实验类型	实验方式	对应课程目标	课程思政融入点
1	实验一：分部分项工程和单价措施项目清单编制	利用自己小组绘制的工程项目施工图纸，依据《建设工程工程量清单计价规范（GB 50500-2013），计算并编制本项目分部分项工程量清单，编制后进行校对审核	4	综合实验	线上讲+线下操作	1、2、3	引导学生理论联系实际，钻研图纸细节，勤于思考，勇于探索，提升发现问题和解决问题的能力
2	实验二：分部分项工程和单价措施项目清单预算编制	根据教师提供的分部分项工程工程量清单，掌握采用清单计价法编制工程预算文件的程序、方法和技巧，并计算工程造价	4	综合实验	线上讲+线下操作	1、2、3	培养学生敬业专注、求真务实、精益求精的工匠精神
3	实验三：小游园或口袋公园园林工程施工图预算编制	掌握整个项目即一个单项工程的施工图预算文件的编制，根据各小组工程课程设计的施工图纸和施工组织设计，综合考虑二次搬运、冬季、雨季、模板、反季节栽植影响等措施费项目。同时考虑如何调价，满足工程投标报价的需求	4	综合实验	线上讲+线下操作	1、2、3	引入工程实例，将各学科知识进行融合应用，激发学习兴趣，引导学生运用所学知识和技能解决实际问题

五、考核与成绩评定

1.考核环节及权重

课程目标	过程性（%）			成绩比例（%）
	考核方式1	考核方式2	考核方式3	
1	上机			20
2		上机		20
3			上机	60
合计	10	20	20	100

2.各考核环节评价标准

序号	考核方式	所占比例	评分标准	考核说明
1	工程量清单编制	20%	识图能力5% 清单选择5% 计算清单工程量5% 单位选择5%	依据软件操作和导出的相应文件进行评分
2	工程量清单计价	20%	清单选择5% 定额套用5% 输入工程量5% 输入主材价格5%	依据软件操作和导出的相应文件进行评分
3	项目施工图预算文件编制	60%	格式规范20% 编制内容40%	依据软件操作和导出的相应文件进行评分
4	总计	100%	学生总成绩按各考核方式成绩折算后计算总和	

六、学习资源

1.使用教材

鲁敏.园林绿化工程概预算[M].北京：化学工业出版社，2015.

2.主要参考书籍

[1]陈振锋.园林工程预决算[M].北京：机械工业出版社，2018.

[2]王作人，田建林.园林工程招标投标与预决算[M].北京：中国建材工业出版社，2007.

[3]杜爱玉.园林工程概预算便携手册[M].北京：中国电力出版社，2012.

[4]中华人民共和国住房和城乡建设部，中华人民共和国国家质量监督检验检疫总局.园林绿化工程工程量计算规范（GB 50858-2013）[M].北京：中国建筑工业出版社，2013.

[5]李云霞，赵立军.吉林省园林及仿古建筑工程计价定额[M].长春：吉林人民出版社，2019.

3.其他资源

通过"学习通"对学生进行考核、上传学习资料、测试学习情况等。

网站：

https：//xueyinonline.com/detail/241219252

https：//xueyinonline.com/detail/240876734

七、学习建议

1.学生学习建议

课前预习，课后复习，完成课后作业。

结合《园林工程概预算实验》课程的教学特点，利用课程网站和学习通上的课程教学资源，供学生课前预习和课后复习，巩固所学的知识。根据参考书目录，鼓励学生进行课外自学。课后学习通上会发布与课程相关的作业，学生在规定时间内完成，巩固所学知识，学以致用。

2.学术诚信

（1）实验作业

要求学生独立完成实验作业，不得抄袭他人作业。

（2）考试

在考试期间，学生不得使用、提供或接受未经授权的任何帮助或信息，不得作弊。其他事宜按照吉林农业大学相关规定执行。

二、实习篇

　　风景园林专业的实习在专业教育中扮演着至关重要的角色。通过实习，学生能够将课堂上学习的理论知识与实际工作相结合，从而更深刻地理解和掌握专业知识。以下是实习在风景园林专业教育中的一些主要作用：

　　1.增强专业技能：实习使学生有机会将理论知识应用于实际工作中，通过实践锻炼提高专业技能，为未来的职业生涯打下坚实的基础。

　　2.拓宽视野：通过参与不同的项目，学生可以接触到多样化的园林设计和施工实践，从而拓宽专业视野。

　　3.培养创新和解决问题的能力：在实习过程中，学生会遇到各种实际问题，需要动脑筋思考解决方案，这有助于培养创新思维和解决问题的能力。

　　4.提高人际交往和团队合作能力：实习期间，学生需要与同事、客户以及供应商等进行沟通协作，这有助于提高人际交往能力和团队合作精神。

　　5.了解行业现状和未来趋势：通过实习，学生可以更直观地了解风景园林行业的现状，包括行业需求、技术发展和市场趋势，为未来的职业规划提供参考。

　　6.培养职业素养：实习有助于学生培养良好的职业素养，包括工作态度、职业道德和自我管理能力。

　　7.实践经验的积累：实习提供了实际操作的机会，让学生在真实的工作环境中积累经验，这对于毕业后的就业和职业发展至关重要。

　　综上所述，风景园林专业的实习是连接理论与实践、校园与职场的重要桥梁，对于学生的专业成长和个人发展具有不可替代的作用。下面就以教学综合实习、生产实习和毕业设计三个重要实习为例进行详细的介绍。

第一章　教学综合实习

　　教学综合实习是风景园林和园林专业实践教学过程中的重要环节之一，它使学生在完成部分专业课程学习及实践学习的基础上，通过到园林景区实地参观考察，切实感受到所学知识在实际规划和设计工作中的应用，理解中国古典园林设计和布局，掌握传统造园手法及其应用，开阔视野，巩固所学知识，从而为后续专业课程的学习打下坚实基础。

一、实习目的

　　1.通过参观、踏勘、记录、测绘、速写、分析等方式进行经典园林实地学习，加深专业基础知识，是理论课堂的延伸与实践。

　　2.在掌握城市公园绿地的类型、核心要素及其表现形式的基础上，进一步从中提炼出影响中国园林的民族特色和地方特色元素，并研究如何在继承和发展这些传统特色的基础上，构建出既具有地域特色又符合现代审美的园林艺术。

　　3.培养学生独立踏勘、调研、测绘园林及分析问题的能力。

二、实习管理

　　1.严格遵循实习时间，按时集合，不迟到不早退。每天晚上以班为单位，总结当日实习出勤情况，检查当日实习作业，布置第二天实习内容。

2.具备团队意识，从离开学校到最后返回，始终坚持以班级为单位，不得有个人离队行为。

3.以实习内容为核心，不得随意闲逛与实习无关的场所，按要求完成每日实习记录。

4.具体实习安排会受到天气等其他不可预测因素的影响，以实习指导教师当天安排为准。

三、实习考核内容和标准

1.时间考核：按时到达实习指定地点，按时归宿住址。

2.作业考核：园林实测图、速写图、南北方植物名录表、实例分析、改造设计等。

3.实习表现：文明乘车、文明游园、团结互助、多看多听、积极思考。

4.实习报告：按要求完成实习报告，结合实例分析说明，图文并茂（含测绘图和植物目录），装订成册。

四、实习内容

综合教学实习以学习南北方古典园林的名园为主，穿插近现代园林绿地及园博园等经典城市绿地，了解其造园背景、立意、掇山理水、空间营造及细部处理的手法，了解植物配置、地形处理、园路铺装和建筑的布局、营建方法。

（一）南方园林

1.豫园

（1）背景资料

上海豫园位于上海市黄浦区，东靠安仁街，北临福佑路，西南与城隍庙相接。始建于明嘉靖三十八年（1559年），是著名文人潘允端为愉悦老亲而建。豫园占地面积30余亩，园内建筑精美，包括三穗堂、点春堂、会景楼、积玉水廊等四十余处景观。作为江南古典园林的代表，豫园被誉为"东南名园冠"。

（2）实习目的

①豫园的建筑无论是何种功能、何种体量，在建造的过程中都尽可能利用建筑本体和角隅空间创造或结合园林景观，学习通过建筑空间的塑造创造园林空间的设计方法。

②学习利用丰富且形式多变的水院空间与建筑、植物相结合等方法来控制景观空间尺度。

③了解并学习传统假山、置石的丰富表达形式和堆叠技术。

（3）实习内容

①空间布局

全园大体可分为西部、东部、内园三大景区，共计48处景点，其中西部景区为全园的主景区。

西部景区包括三穗堂、挹秀亭、仰山堂、卷雨楼、望江亭、萃秀堂、万花楼、鱼乐榭、亦舫、点春堂、和煦堂等。

东部景区包括玉玲珑、玉华堂、会景楼、九狮轩、积玉水廊、积玉峰等。

中部景区包括得月楼、绮藻堂、跂织亭、书画楼。

内园景区位于园东南部，占地2.19亩，原是康熙四十八年始建的城隍庙庙园，兼供娱神及道场之用，又称灵苑、小灵台、东园。1956年修复豫园时，把东西两园相连，内园成为园中园。内园有精致的园林建筑，并与其周围的山水树石配为一体，景色幽雅，小中见大，是保存较好的清代小园。

内园景区包括静观大厅、观涛楼、还云楼、耸翠亭、可以观、南亦舫、九龙池、曲苑、古戏台。

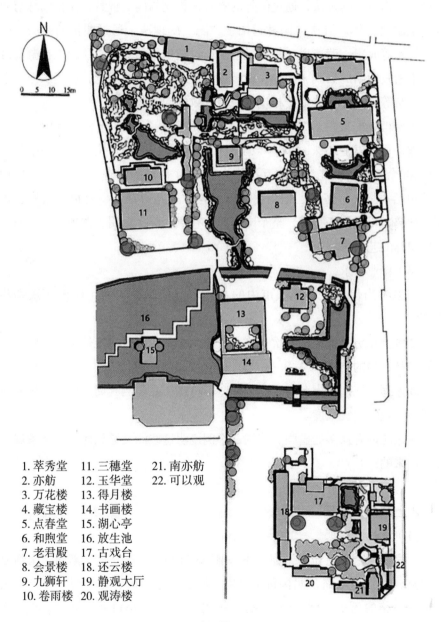

1. 萃秀堂　　11. 三穗堂　　21. 南亦舫
2. 亦舫　　　12. 玉华堂　　22. 可以观
3. 万花楼　　13. 得月楼
4. 藏宝楼　　14. 书画楼
5. 点春堂　　15. 湖心亭
6. 和煦堂　　16. 放生池
7. 老君殿　　17. 古戏台
8. 会景楼　　18. 还云楼
9. 九狮轩　　19. 静观大厅
10. 卷雨楼　　20. 观涛楼

豫园平面图

②造园理法

上海豫园的园林造园理法体现了中国古代园林建筑的精髓。首先，豫园遵循了"借景"的理法，通过园外的景致来扩充园内的视野，使得园林与周围环境融为一体。其次，园林运用了"隐"的理法，通过曲折的布局、假山、树木等元素，营造出一种曲径通幽、景随步移的效果，让游人在游览过程中不断发现新的景观。此外，豫园还注重"虚实"的对比，利用水面、空地、建筑等元素，形成虚实相生、疏密有致的空间效果。

豫园植物配置得当，层次分明，全园乔灌木共计700余株，其中古树名木27株，百年以上20株，200年以上5株，300年以上2株（位于鱼乐榭南侧的一株300余年树龄的老紫藤和万花楼前400余年树龄的银杏）。园内主要植物品种包括香樟、广玉兰、白皮松、五针松、桂花、银杏、女贞、茶梅、紫藤、杜鹃、瓜子黄杨等等，整个园内树木苍翠，层次分明，体现了明清两代古典园林的艺术风格。

（4）作业要求

①思考当代对现代化城市中的古代名园的保护与利用应该注意哪些方面？

②豫园在历史上经过多次重修、改建，但其建园风格依然保持原貌，简述其园林布局的特点。

③速写"江南三大名石之一"——玉玲珑，并草测其周边环境，研究独立置石的观赏适宜尺度。

④豫园内有众多的楹联、诗词，举例说明这些涵义是如何在园林景观中体现出来的？

2.上海复兴公园

（1）背景资料

上海复兴公园，位于上海市中心雁荡路105号，东靠重庆南路，南临复兴中路，西近思南路，北接科学会堂。原名法华公园，是上海一座具有法式园林风格的历史公园。园址原系一片农田，有一小村名顾家宅，清光绪三十四年六月初三（1908年7月1日）法租界公董局全体会议决定把顾家宅兵营辟建为公园，1909年落成，是上海最古老的公园之一。公园占地面积约16

公顷，公园早期按欧洲风格作规则式布局，园内有几何形花坛和大草坪，在草坪边建音乐演奏亭。以园内的音乐亭为标志，分为多个不同功能的区域，如儿童游乐区、老年人活动区、体育运动区等，为市民提供了丰富的休闲娱乐设施。

（2）实习目的

①了解在我国早期公园当中，通过规则式与自然式相结合的造园风格进行公园布局的方法。

②欧式园林以法国为代表，初步了解规则式花园和大草坪的空间尺度与我国城市居民生活相适应的多种方式。

（3）实习内容

①空间布局

上海复兴公园的造园风格，整体是以规则与自然相结合的混合式布局。公园的北部和中部地区以规则式布局为主，有中心喷水池、毛毡花坛、月季花坛等规则要素；西南部则以自然式布局为主，有参差的假山、蜿蜒的溪流、荷花池、自然开阔的大草坪以及游步道等。全园融中西式为一体，突出法国规则式造园风格，是复兴公园的最重要特点。

假山区位于公园西南角，占地1850平方米。山不甚高，以石块叠成，山脊有道路与平地人行道相通，山顶有亭，可眺园中景色。荷花池位于假山区东北，北为展览温室。池面积约2000平方米，满植荷花。小溪尽处为一小丘，丘顶有亭，亭下有人工流泉注入溪中。温室展览区位于荷花池北，原是公园的温室生产区。此处有生产用的温室、荫棚等。建成后曾举办多次温室花卉展览。

月季园位于公园西北部，占地面积约2700平方米。月季园整体呈椭圆形，中心有一圆形水池镶嵌。月季园整体较为密闭，四周围合种植国槐、乌柏、枫香、龙柏等高大乔木。马恩雕像广场位于毛毡花坛以北的小草坪上，是长方形图案式草坪的南侧的延续。

大草坪位于公园东南部，面积为8000多平方米。大草坪周围设有花坛和茂密的高大乔木，草坪开阔疏朗，是游客停留休息的重要活动空间。毛毡花坛位于公园大草坪的北侧，东西向干道之间，占地面积约为2700平方米。毛毡花坛为典型的沉床花坛，其特点是有下沉的花坛区域，四周地势较低，中央有喷泉和孩童戏水的不锈钢雕像水池，周围环绕着环状花坛，并设有铁链栏杆作为边界。花坛以绿草为底色，四季更迭，种植有红绿草、三色堇、金盏菊、朝天椒、扶郎花、瓜叶菊、太阳花等，形成各种图案和色彩斑斓的景象，犹如一块绚丽多彩的毛毡，因此得名毛毡花坛。

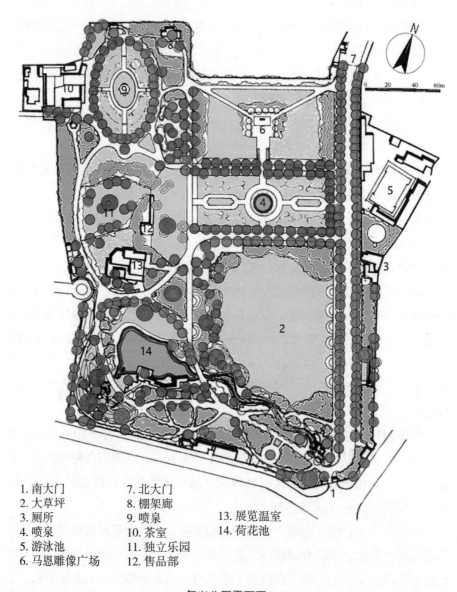

1. 南大门　　　　7. 北大门
2. 大草坪　　　　8. 棚架廊
3. 厕所　　　　　9. 喷泉　　　　13. 展览温室
4. 喷泉　　　　　10. 茶室　　　　14. 荷花池
5. 游泳池　　　　11. 独立乐园
6. 马恩雕像广场　12. 售品部

复兴公园平面图

②造园理法

法国园林讲究对称和几何形的布局，上海复兴公园在设计上也体现了这一特点。公园内的毛毡花坛、道路、广场等元素都呈现出明显的几何形状和对称美感。公园内的主要轴线从入口延伸至公园内部，引导游人的视线和行走路径。这种轴线引导的手法可以强调空间的主导方向和视觉效果。

公园内的植物配置丰富多样，不仅注重色彩和形态的搭配，还考虑了季节变化。建园初，温室培育四季花卉，露地栽植的有紫罗兰、金鱼草、三色堇、矮雪轮、雏菊、福禄考、葱兰等草花和郁金香、风信子、水仙等宿根花卉，乔灌木有国槐、香樟、梧桐、杜鹃、玫瑰等。随着公园用地的扩大，辟建了沉床花坛，扩建大草坪、月季花坛。新扩土地上大量种植树丛和花卉，在笔直的大道两旁种植悬铃木逐步形成具有法国式造园的特色，同时又在建国西路建立苗圃，扩建温室，供应公园用各种花卉、苗木。

（4）作业要求

①试想在建造当时，复兴公园在处理规则式和自然式花园的结合方面，有哪些创意？

②通过参观，结合课堂学习内容，阐述法国式园林有哪些特点？

③实测并绘制法式沉床花坛的平面图。

④绘制3幅园景速写画。

3.延安中路绿地

（1）背景资料

延安中路大型公共绿地位于延安路与南北高架交汇处，共分七大块，跨越静安区、卢湾区和黄浦区。绿地东起普安路，西至石门路，北起大沽路，南至金陵路、长乐路，位于延安中路高架与南北高架交叉点的周边地块，经调整后的绿地总面积223365平方米。工程分两期实施。

一期工程面积111765平方米，涉及黄浦区、卢湾区、静安区。面积74200平方米的五块地块已于2000年2月12日动工，6月30日竣工。二期工程面积约111600平方米，已于2000年9月开始动迁，11月底动迁完毕，开工建设，2001年6月竣工。

（2）实习目的

①了解城市绿地在城市发展新形势下的发展趋势以及对城市生活、城市景观、城市文化产生的巨大影响。

②学习主题园林的设计构思、表现方法和技艺。

③掌握新材料、新形式、新技术在园林景观营造中的应用。

（3）实习内容

①空间布局

延安中路绿地通过其独特的"蓝绿交响曲"设计，成功地将自然元素融入现代都市生活。绿地以"蓝"与"绿"为主题，通过自然的地形地貌、茂盛的森林灌丛、疏朗的草坪地被、潺潺的小溪流水以及逼真的地质断层，营造出一幅绚丽多姿的城市绿色生态景观。

春之园自瑞金路向东，其布局简洁开朗，以一片苍劲茂密的绿林为"源头"。绿地中保留原中德医院西班牙式建筑，其南部建西班牙式庭园。

感觉园整体较为规整，以浓密的绿化种植分割成一系列独立的空间，每个空间中以植物的色、香、形、质和排列组合形成轻松、趣味、惊奇的直觉、错觉、幻觉等不同体验，按人的五种感觉组成：嗅觉园、触觉园、视觉园、听觉园、味觉园，并且绿地还将五种感觉融合形成直觉园。

地质园的地形特征表现为四周向中央缓缓倾斜，北侧坐落着壮观的主景岩壁，其背景由郁郁葱葱的常绿乔木构成。岩壁主要由自然沉积作用形成的水成岩构成，瀑布自高处奔流直下，经年累月的侵蚀作用在岩石表面塑造出独特的纹理，并孕育了多样的植物群落。这一景观巧妙地融合了荒野之美、水之灵动、岩石之坚毅以及植被之生机，传达出对自然环境保护的重要寓意，为城市核心区域打造了一片珍贵的绿色栖息地，形成了一处都市中的生态绿洲。干河区由大小天然卵石组成河滩，给人似在水中航行之感，也为市民提供兼用的健身步道。

芳草地中央为2500平方米的大草坪，地形外高内低，形成休闲草坪空间，布局以自然为主，局部对称，用喷泉为对景，以产生微妙的对比。

水园——自然生态园，因其处在茂密的竹林灌丛之中，显得自然野趣。卵石河滩、空中的水雾气，令人产生虚无缥缈之感。水畔的水生、半水生植物和葱郁的林木，使人暂忘外面的喧嚣和烦恼。城市新景点——"绿色烟囱"

形成强烈的对比，加重了深度感和高度感。

②造园理法

延安中路绿地作为上海市中心的生态"绿肺"，其规划与建设充分体现了风景园林的专业理念。该绿地沿着高架道路与地面道路四面拓展，形成了一个连贯而不可分割的城市绿网。其落成显著提升了中心商务区的生态环境质量，有效缓解了城市热岛效应，并与高架桥及周遭的摩天大楼共同铸就了一幅现代化国际大都市的壮丽图景，成为上海都市风光中的一道璀璨风景。

延安中路绿地的布局精巧，分为三个主要部分，各具特色：

南部区域定位为历史文化展示区，以中共二大会址和平民女子学校为核心，周边规则地栽植了墨西哥落羽杉、红花檵木和龟甲冬青，营造出一种庄重而肃穆的氛围，彰显了历史文化的厚重感。

中部区域被打造成城市森林空间，地形起伏有致，以高大的乔木为主体进行绿化，辅以多样的花灌木和四季常绿的草坪，形成了高低错落、疏密相间、层次分明的生态景观。

北部区域规划为自然山水空间，这里坐落着一座高10米、长150米的黄石假山，配有瀑布流水，栽植了珍贵花木。东侧的毛竹林郁郁葱葱，山顶松柏苍翠，枫槭交相辉映，山下水池生趣盎然，开辟有樱花步道和榉树荫道。这一区域巧妙地构建了一幅壮丽的"城市山林"景观，为都市居民提供了一处亲近自然、放松身心的绿色空间。

（4）作业要求

①分析延中绿地在城市中心区建设当中所起到的重要作用。

②大规模的城市绿地组团聚集在一起，共同组合成广场公园群，同时又各自相对独立，从公园立意的角度，试分析在各组团绿地的设计当中，是如何体现相互之间的联系性和保持独立性的。

③搜集绿地当中叠山塑石、植物配置、建筑小品、水景生成的新颖别致的处理方法。

④草测8—10处景点的平面图、立面图，注意比例、尺度、材料运用的独到之处，并通过速写等方式将园景记录下来。

⑤速写公园风景3—4幅。

4.龙华烈士陵园

（1）背景资料

上海龙华烈士陵园，坐落于龙华镇龙华西路2887号，毗邻著名的龙华寺和龙华古塔。陵园的前身为血华公园，1952年更名为龙华公园并对外开放，后经多次扩建，至1984年公园面积达到10万多平方米。这里曾是国民党淞沪警备司令部所在地，无数革命志士在民国时期被关押于此，并在东北侧刑场英勇就义。1985年，经批准，原址改建为龙华烈士陵园，1991年竣工并部分开放。1992年，上海烈士陵园并入，使陵园面积进一步扩大至285亩。1995年7月1日，陵园全面竣工并向公众开放，成为缅怀革命先烈、传承爱国主义精神的重要场所。邓小平、陈云、江泽民等党和国家领导人分别为陵园纪念碑、园名、纪念馆名题词，赋予了陵园深厚的历史文化价值。

（2）实习目的

①了解陵墓园规划设计的一般原则和功能布局。

②学习各种类型纪念设施结合风景设计的方法和实例，掌握园林各要素在基地设计中的特殊性。

（3）实习内容

①空间布局

上海龙华烈士陵园的规划与建筑设计充分体现了风景园林专业的精妙构思。陵园的设计特色在于主题、主轴线和主体建筑的交融，展现了历史与未来的延续以及建筑、园林、雕塑艺术的交汇。其中，园林建筑、纪念碑和纪念馆三组特定纪念建筑群作为主体，其他建筑围绕主轴线向四周放射，形成了一个统一而有序的整体效应。

纪念瞻仰区位于陵园中南部的南北主轴线上，占地7万多平方米。这里，传统特色的门楼、香樟林广场和笔直的长甬道共同营造出一种庄严肃穆的氛围。中心广场的红白相间的花岗石铺装以及红色花岗石筑成的巨大横碑，都凸显了陵园的纪念意义。纪念馆的金字塔形设计与红花岗石、天蓝色幕墙玻璃的搭配，不仅体现了现代气息，也成为陵园的视觉焦点。纪念碑后面是烈士纪念馆，面积1万多平方米。纪念馆呈金字塔形，四层阶梯建筑内墙面装贴的红花岗石，与塔上覆盖着的天蓝色幕墙玻璃相贯组合，形成4个充满阳光与生机勃勃的四角中庭，在庄严肃穆中透出现代气息。纪念馆是陵园的主体，也是整个陵园的中心。

碑林遗址区紧邻龙华寺，占地1.33万平方米，由碑亭、碑廊、碑墙和梯形式花坛组成。碑亭分别为方形、攒尖顶亭，全部以白水泥建成，亭中央各立一根四面有碑刻的碑柱。两廊外的一侧建有对称的两座各长50余米的大型碑墙。自然形态的石林碑刻与茂林修竹相映成趣，形成了一片充满文化韵味的碑刻森林。

就义地及地下通道位于陵园东北隅，作为全国重点文物保护单位，通过地下通道与纪念区、男女看守所相连。斧劈石的设置，既是对烈士们英勇精神的致敬，也是园林景观设计中的亮点。

烈士墓区的规划注重空间感和环境氛围的营造。圆形的纪念堂顶棚、墓地内鹅卵石铺设的道路以及遍植的草皮，共同构成了一个宁静而肃穆的纪念空间。这里的景观布局，体现了风景园林专业在纪念性景观设计中的细腻考量，为缅怀先烈提供了适宜的环境。

1. 纪念瞻仰区
2. 碑林遗址区
3. 就义地
4. 地下通道
5. 烈士墓区
6. 雕塑
7. 纪念堂
8. 入口
9. 龙华寺

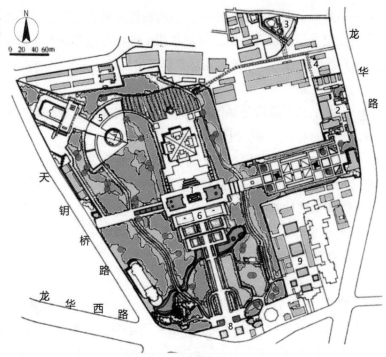

龙华烈士陵园平面图

②造园理法

陵园的植物配置是以相应的植物风姿来烘托景区的主题内涵，园中有大块草坪，大面积的松柏、香樟、枫、桃花、桂花、杜鹃林，使陵园呈现"春日桃花溢园，秋日红叶满地，四季松柏常青"的景象。

园门内广场保留龙华公园原有的一片香樟林，树冠衔接郁闭。外围散布有龙柏、罗汉松等大树，下层配植冬青等小灌木，形成陵园入口的一处特色景点。龙华观桃是上海历史上有名的胜景，在陵园大门东侧有大片桃花林，种植碧桃、垂丝桃、寿星桃等品种约500株，周边内侧还种有红花夹竹桃。陵园南北主轴线甬道两侧密植高大龙柏，圆柱形树冠绵延成两道绿墙，外侧成排种植四季常青的雪松。甬道外面两侧种四季叶色呈红的红枫，下层地被铺种杜鹃花，组成上红下绿的景观。东西副轴线与南北主轴线垂直交错，成为东西向的林荫干道，两旁以广玉兰为主调树种，配植茶花、栀子花、八角金盘、八仙花等花灌木。副轴线东段伸入的碑林区全部植竹丛，另一条副轴线位于陵园西北部，绿化以基地为主体，列植蜀松作为背景树，墓地前面铺就常绿草坪，四周群植蜡梅、南天竹、桂花、石榴、紫薇。在纪念馆北端有苗圃，栽培盆花、各种红色草花及花灌木等，用以补充、调换园中花卉，使陵园花坛常年显出生机。

（4）作业要求

①龙华烈士陵园是如何通过布局的方式来渲染对革命烈士的纪念气氛的，整体的动态空间序列是如何排布的？

②在龙华烈士陵园中，纪念碑的形式有很多种，请列举出其中的4—6种，并绘图说明它们的布置方式有哪些特色？

③实测碑林遗址区内的碑亭和碑廊。

5.拙政园

（1）背景资料

拙政园位于江苏省苏州市姑苏区东北街178号。明正德八年（1513年），御史王献臣解官回乡，以大弘寺基建造宅园，取西晋潘岳《闲居赋》"此亦拙者之为政也"之意题名拙政园。历时400余年变迁，1860年至1863年曾属太平天国忠王府，1951年整修。现存建筑大多为太平天国及其后修建的，然而明清旧制大体尚在。拙政园1961年3月4日被列入首批全国重点文物保护单位。1997年12月4日，被联合国教科文组织列入世界文化遗产名录。

拙政园占地面积78亩（52000平方米），全园分东、中、西三部分，东部为归园田居。另有住宅部分现为园林博物馆。

（2）实习目的

①了解拙政园的造园目的、立意、山水间架、空间划分和细部处理手法。

②通过实地考察、记录、测绘和分析印证并丰富课堂理论教学的内容，丰富设计构思。

③通过实习，掌握江南私家园林的理法。

④提高实测及草测能力，把握空间尺度，丰富表现技法。

（3）实习内容

①空间布局

全园分东、中、西三部分。东部"归田园居"，布局以远山平冈、松林草坪、竹坞曲水为主，辅以山池亭树，整体为疏朗明快的风格，主要建筑有兰雪堂、芙蓉榭、天泉亭、缀云峰等。

中部为拙政园主体精华所在，总体布局以水池为中心，水域面积占中部面积的1/3，亭台楼榭皆临水而建，高低错落，主次分明。中部主要建筑如远香堂，为单檐歇山四面厅；与之遥相呼应的为西山山顶的雪香云蔚亭；西南角水池中央有一单檐六角"荷风四面亭"，四面为水，荷叶亭亭；南部为沧浪水院，小飞虹、小沧浪、得真亭与水面相映成趣；还有船型建筑"香洲"、玉兰堂、梧竹幽居、见山楼、枇杷园等等。

西部原为"补园"，水面迂回，布局紧凑，回廊起伏。主体建筑为靠近住宅一侧的卅六鸳鸯馆，为双面厅，南部庭院种植山茶花，名为"十八曼陀罗花馆"，北部为"卅六鸳鸯馆"；另一重要建筑为临水扇面亭"与谁同坐轩"，取自苏轼词句"与谁同坐，明月，清风，我"，凭栏可环眺三面景色，别有情趣；主要建筑还有浮翠阁、宜两亭、塔影楼等。

②造园理法

据《王氏拙政园记》和《归园田居记》中记载，园地"居多隙地，有积水恒其中，稍加浚治，环以林木"，"地可池则池之，取土与池，积而成高，可山则山之。池之上，山之间可屋则屋之"。这反映出造园者充分考虑并利用了场地积水多之优势，疏浚为池。以水面为中心，主要建筑临水而建。水面有聚有散，聚处以辽阔见长，散处以曲折取胜。驳岸依地势曲折变化，以山石小筑，大曲、小弯，有急有缓，有高有低，节奏变化丰富。

拙政园的园林建筑发展历程见证了其从早期单一建筑结构到晚清时期复杂群体建筑的转变。在这一时期，园内的厅堂、亭榭、游廊和画舫数量显著增多，建筑群组合多变，曲折错落，形成了独特的景观。例如，小飞虹、小沧浪、得真亭、听松风处等建筑依水而建，围合成了别具一格的沧浪水院。水院东侧的庭园，以玲珑馆、海棠春坞和听雨轩为主建筑，这两组庭院巧妙地穿插在园林山水与住宅之间，实现了精巧的空间过渡。这些院落的设置，使得主体山水景观更显宽敞和疏朗。

拙政园以其"林木绝胜"而闻名遐迩，这一传统历经数百年传承不息。明代王献臣初创拙政园时，便大量种植花木，园中三十一景中有三分之二的景观以植物为主题，如桃花片、竹涧等，均展现了植物的美丽与宁静。至今，拙政园依旧保持着以植物景观为特色的传统，荷花、山茶、杜鹃成为园中三大著名花卉。据统计，园内绿化面积达到28.8亩，占陆地面积的一半以上，拥有2600余棵树木，其中包括二三十棵百年以上的古树。

（4）作业要求

①草测自腰门到远香堂及东西两侧的导游路线平面。领会"涉门成趣""欲扬先抑"的具体手法。

②草测拙政园的听雨轩、玲珑馆和海棠春坞庭院组群，体会随机式庭院组景的精妙之处。

③草测沧浪水院水廊平、立面。分析小飞虹、小沧浪、得真亭的对景关系。

④以实测内容为基础，分析拙政园的空间布局特点及具体造景手法。

6.虎丘

（1）背景资料

虎丘，位于苏州古城西北3.5千米，是苏州西山之余脉，海拔仅30余米，但因周边地形而脱离西山主体，成为独立的小山。山体为流纹岩，四面环河，占地13余公顷。前有山塘河可通京杭大运河，山塘街、虎丘路与市区相通，沪宁铁路自山南通过，山北有城北公路。

虎丘又称海涌山。春秋晚期，吴王夫差葬其父阖闾于此，相传葬后三日，"有白虎踞其上，故名虎丘"。一说为"丘如蹲虎，以形名"。东晋时，司徒王珣和其弟司空王珉在此建别墅，后舍宅为寺名虎丘山寺，分东西二刹。唐代因避太祖李虎讳改名武丘报恩寺。会昌年间寺毁，移建山顶合为一寺。至道年间重建时，改称云岩禅寺。是时庙貌宏壮，宝塔佛宫，重檐飞阁，掩隐于丛林之中，名盛一时，成为宋代"五山十刹"之一。清康熙年间更名虎阜禅寺。

历经2400余年沧桑，虎丘曾七遭劫难，现存建筑除五代古塔和元代断梁殿外，其余均为清代所建或新中国成立后重建。虎丘山旧有十八景，现有景点达30余处。

1982年10月，在虎丘东南麓建一处盆景园——万景山庄。园内陈列几百盆娇艳多姿的古桩、水石盆景，集苏州盆景艺术之精华，成为虎丘景区的"山中之园"。

（2）实习目的

①学习如何利用自然地形优势，运用不同的造景手法建造山水台地园。

②学习"寺包山"格局的寺庙园林特征。

③学习如何运用借景的手法，将历史传说与园林造景相结合。

④体会园中园造景特点。

（3）实习内容

①空间布局

虎丘山虽然海拔不高，却拥有丰富的泉水资源和险峻的悬崖峡谷，深涧景观令人叹为观止。加之其悠久的历史文化积淀，使得虎丘山在自然景观与人文景观方面都具有独特的优势，自然之美与人文之华和谐共存，相得益彰。寺的塔、阁布置在山巅，其余殿堂、僧房、斋厨等依次布置在山腹山脚，形成寺庙被覆山体的格局，即所谓的"寺包山"的格局。虎丘的形势是西北为主峰，有二冈向东、南伸展，二冈之间有平坦石场（称"千人石"又名"千人坐"）及剑池岩壑。寺庙的轴线由山门曲折而上，贯穿整个山丘的南坡。北坡从虎丘塔沿百步趋拾级而下，直至北门。所以从总体来看，全园可分为前山和后山两部分。

前山区布局就是依山就势而上，从山塘街头山门起，沿轴线而进，一路拾级而上。

后山区出千顷云阁向西折北，便是十八折。这是一条下山道，经此可由前山翻向后山。

虎丘山历经2400年沧桑，从舍宅为寺，再到公共风景名胜区，景点布局和建筑物在位置和建筑形式上虽然发生了一定的改变，但格局没有太大变化。

②造园理法

空间组织形式上，轴线式空间布局结构，以南北向的进香道为主要轴线，各景点布置在其沿线及周边。

虎丘建造在山水林泉之中，山水之理顺应自然，一脉泉水从铁华岩底的岩缝间汩汩而出，汇成一潭清波，注满剑池，淌过千人石，流入白莲池，最后直奔养鹤涧。整个山水呈现"有高有凹，有曲有深，有峻而悬，有平而坦，自成天然之趣"。

在虎丘园林的设计中，巧妙地运用了借景与对景的技巧，这不仅提升了园林建筑和景点之间的景观效果，同时也为游赏者提供了极佳的观赏体验。中国古典园林的借景艺术，关键在于将园外的景色巧妙地融入园内的视野之中，从而扩展园林的空间感和深度。特别是登高望远，这是一种极为重要的借景方式。北宋时期的文学家苏轼曾写到"赖有高楼以聚远，一时收拾与闲人"，而唐代诗人王之涣的名句"欲穷千里目，更上一层楼"也同样揭示了登高所能带来的宽广视野和深远感受。这些诗句都表达了通过登高来拓宽视野，将远方景色纳入园林景观之中的艺术追求。虎丘凭借山地之利充分利用登高远借之法将园外景色收入眼内，增加了风景美欣赏的多样性。如山巅中部的致爽阁，东北的望苏台、小吴轩、万家烟火、千顷云阁等，皆为登高远眺所设之亭台楼阁。再如围墙的灵活运用，也为虎丘自然山水环境与园林环境形成互为借景，利用台地的高差或者临溪流的悬崖，稍筑一段用于安全防护的矮墙（有时是栏杆等）来示意性地分隔园内外，以达到借园外景色的效果。

对景手法更是在虎丘中随处可见，与别处不同，虎丘中因地制宜的对景处理更突显景物之尊严和壮观。如从海涌桥仰望断梁殿与虎丘塔，登五十三参仰望大雄宝殿，抑或由虎丘北门仰望虎丘，凭借地势高差之利更显对景景物雄壮。又如从千人坐圆洞门对景剑池，也更显其险峻幽深。

虎丘在园林的整体布局和风景结构中对比法则的应用也极为突出，其中蕴藏的藏露、开合、虚实、曲直之比无不强化了虎丘独特的园林艺术魅力。

（4）作业要求

①草测千人坐、莲花池及周边环境平面。

②草测拥翠山庄的平面及竖向变化，通过与杭州西泠印社造园理法的对比，总结台地园的空间处理手法。

③速写2幅。

7.网师园

（1）背景资料

网师园位于苏州市友谊路。最初为南宋吏部侍郎史正志于淳熙年间（1174—1189年）所建之"万卷堂"故址的一部分。清乾隆年间（约1770年）光禄寺少卿宋宗元退隐，购得此地筑园，因附近的王思巷，谐其间喻渔隐之义，名"网师园"。

网师园历经多次易主，曾以"卢隐""苏林小筑""逸园"等名号流传。至乾隆末年，园林归瞿远村所有，他在保持原貌的基础上进行了修复并增添了亭台楼阁，由此得名"瞿园"。如今，网师园的规模、景观建筑主要是瞿园时期的遗存，它完好地保存了旧时世家大族的完整住宅群和古典山水园林风貌，总面积超过8亩，成为苏州中型古典山水宅园的典型代表。网师园被列为全国重点文物保护单位。1997年12月，它与拙政园、留园、环秀山庄一同荣登《世界遗产名录》，成为世界级的文化遗产。

（2）实习目的

①学习以水面为核心的庭园造景手法。

②学习网师园造园中，如何处理山与水、建筑与植物的关系以达到丰富景观的手法。

（3）实习内容

①空间布局

网师园的园林部分虽然面积不大，仅有约0.47公顷（包含住宅），但其平面布局巧妙，采用中心主景区的设计手法，以一方水池为核心，四周布置建筑，营造出了"小中见大"的视觉效果。在空间处理上，网师园运用了主辅景区的对比技巧，以水池为中心的主景区被若干较小的辅景区所环绕，形成了鲜明空间对比的同时，也构建了"众星拱月"的格局。

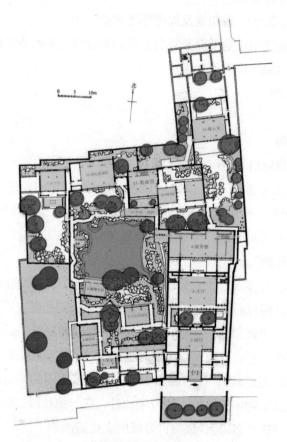

网师园平面图

在主景区中，水面成为焦点，各景点均围绕其布局。南侧设有"小山丛桂轩""濯缨水阁"和以黄石堆叠的假山"云冈"等景点；北侧则是"看松读画轩""竹外一枝轩"；东侧有"射鸭廊"；西侧则是"月到风来亭"。为了保持主景区空间的开阔和疏朗，主要建筑均退离水边，采用多种手法进行淡化处理。例如，"小山丛桂轩"和"看松读画轩"均位于水池较远的位置，以减少其体量感。而一些小型建筑则紧贴水边，通过尺度对比，凸显水面的广阔。其中，"濯缨水阁"作为临水的主体建筑，其体量仅略大于水榭，远小于一般园林中的主厅。南侧的"云冈"假山，以其凝重的山势和层次分明的结构，与水面自然融合，成为一组以山水为主题的杰作。

辅景区由一系列较小的辅助空间构成，分布在主景区周围，既补充又延伸了主景区，增强了景观的层次感和深度感，让人感受到"庭院深深"的意境。西侧的殿春庭院便是这样的辅助空间，其布局简洁而精致，在静谧中流露出深沉与凝重。网师园内还有多处小院和天井，如梯云室、五峰书屋等建筑前的小庭园，或隐或现，或幽或旷，各具特色，丰富了整体的园林景观。

②造园理法

作为一个住宅园林，网师园中建筑密度高达30%，但是，由于合理的布局，很好地结合环境，人们在其中生活和游览，并没有建筑拥塞的感觉，反而能体会到一派大自然水景的盎然生机，足见规划设计之精巧。比如小山丛桂轩的室内外空间，相互融会一体，人在轩内，四面置窗都是优美的景观，虽在室内却置身在琳琅满目的园景之中，使人赏心悦目，心胸畅朗，是建筑与环境结合的佳例。

网师园中的水池布局与整体空间的尺度和谐相宜，作为园林中心的水池，其设计以聚水为主，面积仅约400平方米。池岸大致呈方形，却又不失错落有致的韵味，黄石驳岸挑砌成石矶，其间点缀灌木和攀缘植物，松枝斜出，营造出一种自然的野趣。水池的西北角和东南角巧妙地设置了水口和水尾，并架设桥梁以跨之，这样的设计不仅隐喻了水的源起和流向，也赋予了水体以生动活泼的感觉。中心水池的宽度大约20米，这一距离恰好处于人们正常水平视角和垂直视角的范围内，使得游客能够尽收对岸景色。

在东南角布置的小型石拱桥，堪称苏州园林中小桥之最，通过尺度对比，彰显了池水的宽广；下方的小溪仿佛是水源的起点，潺潺流入水池。

在植物配置上，由于空间有限，主景区以孤植为主，精心挑选了数株古柏苍松，其造型多样，有的高耸挺拔，有的枝干盘曲，树根隐于山石花台之中。其他辅助空间也种植了一至两株姿态独特的树种，如黄杨、紫薇、罗汉松、白皮松等。与山石搭配的点景植物包括紫竹、慈孝竹、南天竹、芭蕉、迎春、牡丹等，这些植物的选择与搭配，增添了园林的生机与色彩。

（4）作业要求

①实测小山丛桂轩及周边环境。

②实测殿春簃整体院落。

③结合实际分析网师园如何体现"小中见大"的造园理法。

8.狮子林

（1）背景资料

狮子林位于江苏省苏州市城区东北角的园林路23号，开放面积约14亩。狮子林是苏州古典园林的代表之一，2001年被列入世界文化遗产名录，拥有国内尚存较大的古代假山群。湖石假山出神入化，被誉为"假山王国"。

狮子林的历史可以追溯到元代，其起源与高僧天如禅师密切相关。1341年，天如禅师在苏州讲经传法，受到众多弟子的敬仰。两年后，即1342年，这些弟子为了纪念他们的老师，购买土地并建造了这座禅林，命名为"师子林"。由于园中遍布奇形怪状的石头，状似狮子，因此也被称为"狮子林"。天如禅师去世后，他的弟子们四散，使得狮子林逐渐荒废。到了明朝万历年间，明性和尚通过化缘筹集资金，重建了狮子林和圣恩寺，使得这里再次恢复了繁荣。然而，到了清朝康熙年间，寺庙和园林分离，后来被黄熙的父亲黄兴祖购得，并改名为"涉园"。乾隆三十六年，黄熙成为状元，对园林进行了精心修缮，并命名为"五松园"。然而，到了清光绪年间，黄家衰败，园林再次荒废，只有假山依然存在。1917年，上海颜料商人贝润生（贝聿铭的叔祖父）从李钟钰手中购买了狮子林，并投入大量资金进行了近七年的修复和扩建，恢复了"狮子林"的旧名，使其再次成为苏州的一处名胜。贝润生于1945年去世后，狮子林由其孙子贝焕章管理。中华人民共和国成立后，贝氏后人将狮子林捐献给了国家。苏州园林管理处接管并进行修复，于1954年对外开放，使这个历经沧桑的园林得以向公众展示其独特的魅力。

狮子林自元代以来，经历了多次兴衰，每一次的重建都深深地烙下了历史的印记，反映了不同时代的历史、文化和经济特征。

（2）实习目的

①了解中国古典园林的环游式布局以及假山堆叠艺术。

②学习狮子林中山石、水体、建筑、亭廊之间的竖向组织形式与手法。

（3）实习内容

①空间布局

狮子林的空间布局采用环游式设计，通过中心水池、建筑群、叠山、花木等的组合，创造了一个多层次、多角度的观赏空间。园林中的核心水池形态曲折多变，宛如一条蜿蜒的河流，将园林分割成多个小区域，每个区域都有其独特的景致。围绕水池的建筑群被精心布置，形成了环状的游览路线，包括厅堂、水榭、石舫、轩馆、亭阁等。这些建筑的高低、大小、内外关系以及虚实对比，都经过精心设计，以营造出丰富多样的空间效果。

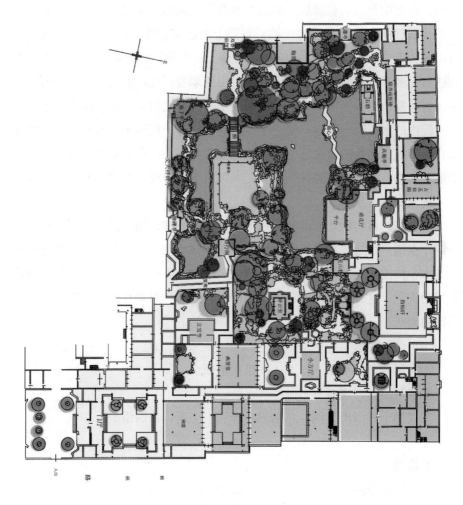

狮子林平面图

此外，园林中的假山和花木起到了点缀和过渡的作用。假山被巧妙地置于建筑群之间，既分隔空间，又成为观赏的焦点。花木的种植遵循了四季变化的规律，使得园林在不同季节都有不同的景观。

狮子林的建筑分为祠堂、住宅与庭园三部分。现园子的入口原是贝氏宗祠，有两进硬山厅堂，檐高厅深，光线暗淡，气氛肃穆。住宅区以燕誉堂为代表，是全园的主厅，建筑高敞宏丽，堂内陈设雍容华贵。

②造园理法

狮子林被誉为"假山王国"，其假山群气势磅礴，以太湖石堆叠而成的假山，玲珑俊秀，洞壑盘旋，宛如一座曲折迷离的大迷宫。假山上的石峰和石笋，石缝间生长的古树和松柏，石笋上的悬葛垂萝，都增添了一份野趣。假山分为上、中、下三层，共有9条山路、21个洞口，形成了一个曲折迷离的迷宫。游客在游览过程中，可以沿着山路攀登，穿过洞穴，探索假山的奥秘。这些假山不仅丰富了园林的景观，也为游客提供了丰富的探索乐趣。

园内的水体设计别具一格，主体水池中心有一座亭子，曲桥连亭，似分似合，增添了水景的层次感。水源的处理独具匠心，在园西假山深处，山石形成悬崖状，一股清泉经湖石三叠，奔泻而下，与周围的溪涧泉流共同营造出丰富多变的水景。

狮子林的植物配置以落叶树为主，常绿树为辅，用竹类、芭蕉、藤萝和草花作点缀。通过孤植和丛植的手法，选择枝叶扶疏、体态潇洒、色香清雅的花木，按照作画的构图原理进行栽植，使树木不仅成为造景的素材，更是观景的主题。这种植物配置方式使得狮子林的园林景观在四季更迭中呈现出不同的韵味。

（4）作业要求

①实测燕誉堂平面、立面，并绘制剖面。

②摹写山石，速写3—5张。

③以狮子林假山为例，总结掇山理法中交通体系的组织。

9.留园

（1）背景资料

苏州留园位于苏州市姑苏区留园路79号，原占地面积约为3.33公顷，现占地面积约为2公顷。留园的历史可以追溯到明代嘉靖年间，当时太仆寺少卿徐泰时在这里建造了东、西两个园林。徐泰时的儿子徐溶将西园改为寺庙，即现今的戒幢律寺。东园中有史料记载的周秉忠创作的"石屏"山，模仿普陀、天台等山峰，高三丈，阔二十丈，犹如一幅横挂的山水画。东园还布置了奇石，其中包括一座相传为北宋花石纲遗物的瑞云峰（太湖石峰）。

清初，留园逐渐荒废，多次易主。后来，刘恕（号蓉峰）获得了东园的故址并将其扩建为寒碧山庄，与今日留园中部的楼阁相对应。中部基本上保持了清嘉庆初年的格局，因此也被称为花步小筑，俗称刘园。园中聚集了十二座太湖石峰，形成了奇观。

道光三年，留园对外开放，引起了轰动。然而，在咸丰十年之后，留园逐渐废弃。清同治十二年（1873年），盛康获得了这个园林，并将其改名为留园。光绪十四年至十七年，留园增建了义庄（即祠堂），扩建了东部冠云峰庭院和西部，与现今留园的规模相同。留园曾在二战期间被日军和国民党军队占用，并遭到不同程度的破坏。1953年，苏州市人民政府修复了留园。1997年，留园被列入世界文化遗产名录。

（2）实习目的

①了解留园的历史沿革，熟悉其创建历史及其在中国古典园林中所处的历史地位。

②通过实地考察、记录、测绘等工作掌握留园的整体空间布局及造景手法等。

③将留园与其他江南园林作横向对比，归纳总结其异同点，掌握其主要的造园特点。

④将留园实践实习与理论知识印证在建筑、地形、空间结构、植物等方面分别总结。

（3）实习内容

①空间布局

留园分为中、东、西、北四个景区，每个区域都有其独特的景观和建筑风格。

中部景区以山池景观为主，保留了明代寒碧山庄的基本格局。这里的山池设计为山在北、池在南，假山的朝阳面对着重要的观景建筑涵碧山房。从园门到古木交柯、花步小筑的建筑空间处理得非常巧妙。从古木交柯处，游客可以选择两条不同的游览路线：或从古木交柯向西走，经过花步小筑、绿荫轩、明瑟楼、涵碧山房、爬山廊、闻木樨香轩、远翠阁，最终进入五峰仙馆庭院。这条路线的特点是框景与空间的交融以及以景点命名。或从古木交柯向北走，经过曲溪楼、西楼、清风池馆，最终进入五峰仙馆庭院。这条路线的特点是尺度的得宜和粉墙花窗漏景。

留园平面图

东部景区以建筑庭院为主，是园内各种活动的主要场所。以五峰仙馆为中心，有书房还我读书处、揖峰轩庭院、冠云楼庭院等。这些院落通过漏窗、门洞、廊庑相互沟通穿插，形成了苏州园林中院落空间最富变化的建筑群。

西部景区以假山为主，土石相间，呈现出自然山林的野趣。山上的枫树郁郁葱葱，夏季绿荫蔽日，秋季红叶似锦。至乐亭和舒啸亭隐于林木之中。登高望远，可以远眺苏州西郊的诸山景观，体现了《园冶》中"巧于因借"的设计理念。

北部景区原本的建筑已经废弃。现在的"又一村"取意自陶渊明的诗句"山重水复疑无路，柳暗花明又一村"，这里曾经是菜田、茅屋、鸡鸭等田园景观，现在种植了竹、李、桃、杏等农家花木，并建有葡萄、紫藤架。其余区域被辟为盆景园，展示了苏派盆景。盆景园内新建了三楹小屋，取名小桃坞，花木繁盛，仍保留着田园之趣。

②造园理法

留园的建筑空间设计展现了江南园林的精湛工艺，其空间的旷阔与深邃、明朗与暗淡、大与小的对比处理尤为出色。无论是从园门进入经过古木交柯、曲溪楼、五峰仙馆至东园的空间序列，还是从鹤所进入经过五峰仙馆、清风池馆、曲溪楼至中部山池的空间序列，都呈现出层次丰富的建筑空间。留园的建筑空间精致度在江南其他园林中是难以比拟的，其设计特点包括：空间对比的明确性、院落空间的多样性以及框景、对景、漏景手法的多变性。

留园的山水格局采用了对比手法，通过中部与西部的空间对比，形成了疏密相间的景观。中部以水体为主，四周环绕着开敞的假山，而西部则以山体为主，水体为辅，营造出山林景观。东部则多采用象征手法，通过特置石峰来形成山景意境。留园中理水所创造的景观手法主要包括：景观与空间的对比、疏水若为无尽以及浣云沼以小衬大的设计。

留园的筑山叠石风格也各具特色。中部的假山是明末周秉忠叠制的"石屏山"，经过多次改建，现在主要为黄石和湖石混叠，艺术价值有所降低。西部的假山以土石相间，以黄石为主，气势雄浑，山上古木参天，呈现出山林的郁郁葱葱。东部则多采用象征手法，大量使用特置石峰，其特点包括特制石峰、山石花台、云墙衬托与分景、壑谷理景、山峦理景、麓坡理景等。留园的植物配置有四个特点。第一，景以境出，营造意境；第二，托物言志，借物喻人；第三，独立成景，兼顾季相；第四，点缀山石，丰富景观。

（4）作业要求

①草测一组植物群落及环境的平面、立面。

②从留园五个院落（古木交柯小院与花步小筑小院、五峰仙馆前后庭院、石林小院、冠云楼庭院）中任选一个院落，草测其环境平面图。

③草测自园门到古木交柯、花步小筑的线路平面。分析留园入口空间的造园手法。

④自选留园中植物、建筑、水体、假山等景色优美之处，速写4幅。

10.沧浪亭

（1）背景资料

沧浪亭位于苏州市人民路南段附近三元坊，是苏州园林中现存历史最久的一处，一向以"崇阜之水""城市山林"著称，园址面积约十六亩（11000平方米），是苏州古典大型园林之一，具有宋代造园风格，是写意山水园的范例。沧浪亭历经兴废更迭，远非宋时原貌，但山丘古木，苍老森然，还保持一些当时的格局，建筑物也较朴实厚重，并无雕梁画栋、金碧辉煌的奇巧，呈现出古朴虬劲、饱经沧桑的气氛。

沧浪亭，这座苏州最古老的园林，始建于北宋庆历年间（1041—1048年），其历史可以追溯到12世纪初，当时曾是名将韩世忠的住宅。沧浪亭的造园艺术独特，与传统园林不同，它未设园门便环绕着一池绿水。园内以山石为主要景观，迎面是一座土山，沧浪石亭便坐落在其上。山下有水池，山水之间通过一条曲折的复廊相连。假山东南部的明道堂是园林的主要建筑，与之相映成趣的还有五百名贤祠、看山楼、翠玲珑馆、仰止亭和御碑亭等。

沧浪亭与狮子林、拙政园、留园并称为苏州宋、元、明、清四大园林，园内除了沧浪亭本身，还有印心石屋、明道堂、看山楼等建筑和景观。沧浪亭的历史和文化价值使其成为苏州乃至中国园林艺术中的瑰宝。

（2）实习目的

①了解沧浪亭的造园目的、立意、空间划分和细部处理手法。

②学习以山体为构景中心的造景手法。

③学习沧浪亭的外向借水、复廊为界的处理手法。

（3）实习内容

①空间布局

沧浪亭打破了传统的高墙深院布局，大胆地借用了外部景观，将园内与园外的景色融为一体，展现了山林野趣。沧浪亭的总体布局以"崇阜之水"和"杂花修竹"为特色，营造出一种古朴清幽的自然雅趣。

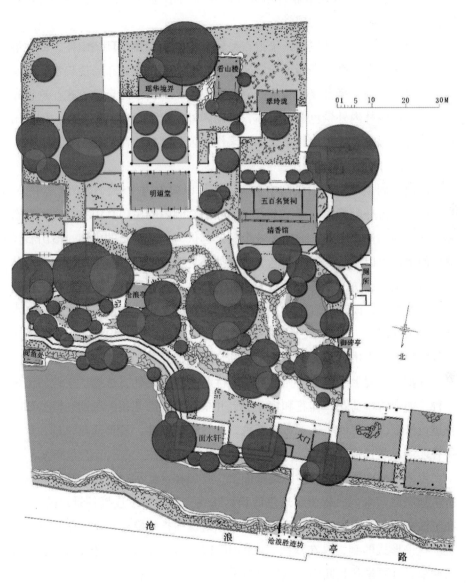

总面积：约 1.5 万平方米
水体面积：约 2928 平方米
建筑面积：约 2560 平方米

沧浪亭平面图

沧浪之水并非深藏于园内，而是环绕在园林之外，其水源自西向东，绕园而南出，流经园的一半。沿着水岸，曲折的栏杆和回廊蜿蜒延伸，漏窗隐约可见，古树错落有致地靠近水面，临水岸石形态各异，其后山林若隐若现，给人一种苍茫深远的感觉。

沧浪亭的核心为其主山，沧浪石亭建在山顶上。建筑环绕山体，随地形高低布置，配有走廊和亭榭，形成园林内部的空间。这种布局使得水景在园外，山景在园内，亭台复廊相互分隔，形成了一种山水组合的方式。这种布局方式使得园林内外景色融为一体，借助园外的水面，扩大了空间，创造出深远空灵的感觉。这与沧浪亭长期以来作为公共园林的性质相一致。

②造园理法

沧浪亭内山外水，山是园中主景，布局以假山为中心，位于园之中央。自西向东，古朴幽静，属于土多石少的陆山。园内的主山真山林，采用黄石和土石相间的构筑方式，形成了一个高低起伏、自然蜿蜒的山体。沿山石径盘桓而上，可以欣赏到树木苍老、石质拙朴、竹叶翠绿、藤萝缠绕和野花丛生的自然美景，仿佛置身于真实的山林之中。

沧浪亭的造园理法以水为主体，巧妙地利用了园外古河荠溪之水，以水环园，水在园外，形成了独特的"以水环园"景观。这种设计不仅扩大了园林的空间感，也增强了园林的灵动性和自然情趣。

在植物配置上，沧浪亭充分利用了优越的自然条件，选择了本地的传统品种，如翠竹、荷花、桂花和梅花等，并根据不同的花色、花期、树姿和叶色进行搭配，使得四季景观各有特色，春日翠竹婆娑，夏日荷花映日，秋日桂香四溢，冬日梅花傲雪。

沧浪亭的廊道设计巧妙，蜿蜒曲折，将山林、池沼、亭堂、轩馆等景观有机地串联起来，既提供了理想的观赏路线，又起到了连接各景点的作用。在沧浪亭的主景山与池水之间，隔着一条蜿蜒曲折的复廊，是园中独特的建筑。这一形式的廊，是在双面空廊的中间夹一道墙，又称"里外廊"。游廊的漏窗设计更是独具匠心，透过这些漏窗，园内的山石、树木、花草和轩榭呈现出若隐若现的动态景色，变化无穷，美不胜收。

沧浪亭的漏窗是一种装饰性透空窗，其设计精致多样，据说有108种不同的图案花纹，每一款都独具匠心，变化多端。这些漏窗不仅起到了分割空间的作用，也增加了园林的艺术性和观赏性，使得园外的水景仿佛园中之物，达到了显著的"借景"效果。

（4）作业要求

①草测沧浪亭石亭及其环境的平面、立面。

②草测复廊、面水轩、观鱼处。

③即兴速写3幅。

④以实测为基础，总结沧浪亭的造园特点，阐明复廊运用的独到之处。

11.艺圃

（1）背景资料

艺圃位于苏州城西北，文衙弄5号。它始建于明代，为袁祖庚所筑，初名"醉颖堂"。万历时为文徵明曾孙文震孟所得，堂名世纶，园名药圃。明末清初归姜埰，更名颐圃，又称敬亭山房，其子姜实节改园名为"艺圃"。此后多次易主。道光三、四年，吴姓曾予葺新。清道光年间为绸业公所的"七襄会所"，民国后荒废为民居。抗日战争时期，一度为日伪占用。胜利后为青树中学借用。1950年市工商联第五办事处设此。1956年苏昆剧团入驻。1959年起由越剧团、沪剧团、桃花坞木刻年画社、民间工艺社相继使用。现在的艺圃，是1982年苏州市政府在原址上复建的。在复建时按"修旧如旧"原则，布局、风格与原貌相近。艺圃风格简朴疏朗，自然流畅，是研究园林史的重要实例。2000年与沧浪亭、耦园、狮子林和退思园被联合国教科文组织世界遗产委员会评为文化遗产，列入《世界遗产名录》。

（2）实习目的

①学习艺圃造园中的对景、框景等处理手法。

②学习艺圃造园中空间围合介质如何在尺度、竖向、色彩上加以变化，以达到丰富园景、扩大景域的作用。

（3）实习内容

①空间布局

艺圃是一座面积约为0.33公顷的园林，其中住宅占据了大部分，园林部分仅约0.13公顷。园子的总体布局简洁明了，从北向南依次为建筑、水池、山林，以水池为中心形成主景区。池北以延光阁、博雅堂等主体建筑为主景；水池南部则以山景为主。园之西南，通过响月廊，是一组建筑和小庭院，精致优美，形成辅景区。辅景区既独立于主景区，又与主景区保持呼应与联系。

造园者根据小园的特点，舍去一切繁杂琐碎的因素，通过建筑、水池、山林的序列，精心营造了一方山色空蒙、水波浩渺、林泉深壑、亭榭虚凌的园林艺术景观，以达到"纳千顷之汪洋，受四时之烂漫"的效果。

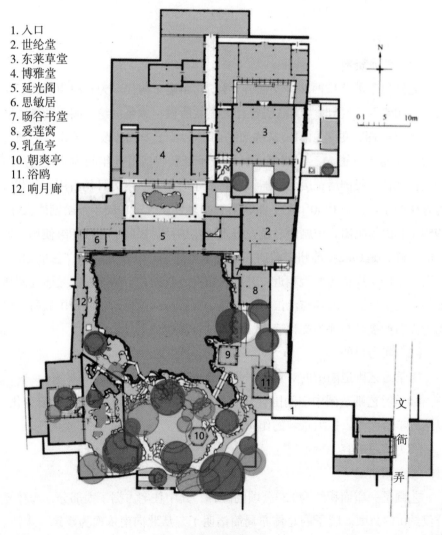

1. 入口
2. 世纶堂
3. 东莱草堂
4. 博雅堂
5. 延光阁
6. 思敏居
7. 旸谷书堂
8. 爱莲窝
9. 乳鱼亭
10. 朝爽亭
11. 浴鸥
12. 响月廊

艺圃平面图

西南角辅景区的两个小庭园非常简洁与古朴。重复运用的圆门加强了层次感。而庭院内水池与石桥的处理别具匠心，为园林中较为少见的处理手法，特别是石桥的处理，不设石栏，以粗糙的石条横卧而成，别具天然情趣。浴鸥池面积虽小，与大水池形成对比，形状曲折多姿，被两座精致的小桥分割，显得很有层次。

②造园理法

艺圃的住宅建筑紧邻水面，与园林景观紧密相连，形成了一种和谐的自然与建筑的交融。水阁作为住宅的一部分，提供了观赏全园景色的绝佳位置，成为全园的观景点。水阁与两侧的附房共同构成了水池的北岸线，尽管岸线平直开阔，略显单调，但这种设计使得从建筑内部可以毫无遮挡地欣赏到对面自然景色的全貌，形成了一种独特的艺术效果。

主景区通过保持水面的宽广和减少中心部位的建筑布置，形成了一种开阔的视觉效果。水边点缀的"乳鱼亭"和山林中的六角亭以及南部山林景色的充分展现，共同构成了主景区的特色。

水面约占全园面积的五分之一，其理水设计简洁而古朴。水面集中，略呈矩形，仅在东南和西南角各伸出一水湾，并在水湾处架设石桥，形成主水面和次水面的对比，简单而富有变化。石板桥低平而贴水，没有栏杆，保持了水面的开阔感，与池边的山石结合，营造出自然之趣。

池南的山林景区是园内观赏点的视觉中心，与中部水景区形成了一种对比关系。从水池两侧可以通过石板桥进入山林区，通过艺术处理，再现了自然山水的精华。山上的六角亭置于主山峰之后，通过树林隐约露出亭顶，加深了空间距离感，反衬出前景的高耸。

艺圃的主体建筑"博雅堂"南侧小院设有太湖石花台，主植牡丹，水池南堆土叠石为山，山上有逾百年的白皮松、朴树、瓜子黄杨等，林木茂密。水池东南的"思嗜轩"旁植一枣树。乳鱼亭旁，有柳树、梧桐各一株，这些植物的选择不仅增添了园林的生机，也蕴含着隐逸高洁的意境。艺圃中的植物与其他园林要素共同构筑了良好的生活与园林空间，具有浓郁的人文特点。

（4）作业要求

①总结艺圃造园中，在空间要素处理上有何特点，以体现园景的简洁与纯净。

②实测芹庐院落平面，并标出竖向变化。

12.环秀山庄

（1）背景资料

环秀山庄，位于苏州景德路中段，占地面积仅为3.26亩，五代时，为吴越广陵王钱元璙金谷园旧址。宋代归文学家朱长文，名乐圃。后为景德寺，又改为学道书院，兵巡道署。元代时属张适所有。明成代年间（1465—1487年）又归杜东原，万历年间（1573—1620年）为申时行宅第，中有"宝纶堂"，清代康熙初年经其裔孙申勖庵改筑，名"蘧园"，因建"来青阁"，闻名苏城，魏僖为之作记。乾隆年间为蒋楫所居住，在厅东建"求自楼"五楹，以贮经籍，楼后叠石为小山，掘地三尺，得古井，有清泉溢流，汇合为池，名"飞雪泉"，初具山池泉石的雏型。其后又为尚书毕源和相国孙士毅宅，孙氏于嘉庆十二年（1807年）前后请叠山大师戈裕良在书厅前叠假山一座。道光二十一年（1841年），孙宅入官，县令批给汪氏。道光二十九年（1849年）在汪小村、汪紫仙的倡议下，建汪氏宗祠，建汪氏"耕荫义庄"，重修东花园，名"环秀山庄"，又名"颐园"，俗称"汪义庄"。咸同年间，颇有毁损，光绪年间重修。后几经驻军，摧残严重，及至抗战前夕，厅堂颓毁，面目全非，仅存一座假山和一舫、一亭。1979年曾对园中假山加以维修，同时重建"半潭秋水一房山"亭，1984年恢复四面厅、楼廊等建筑，并完成假山加固、水池清理、补栽植物等工程。

1963年公布为苏州市文物保护单位，1982年成为江苏省文物保护单位。1988年国务院公布为国家重点文物保护单位。1997年底，被收录入世界遗产名录，成为世界文化遗产项目之一。

（2）实习目的

①学习湖石假山的造景理法。

②学习以假山为构景中心的园林营造手法。

（3）实习内容

①空间布局

环秀山庄整体布局以假山为主，水池为辅。建筑空间布局以"前厅后园"为特点。它的狭长空间中，前厅由南部三进院落构成，包括有谷堂、庭园和四面厅。四面厅，卷棚歇山顶，宽约10米，四周设有回廊，北向可以观赏大假山。假山是环秀山庄造园艺术的一大特色，由清代叠山大师戈裕良所设计。假山面积占全园的三分之一，位置偏向园的东侧，假山既有远山之姿，又有层次分明的山势肌理，峭壁、峰峦、洞壑、涧谷、平台等山中之物应有尽有。池东主山，池西次山，气势连绵，浑成一片，其中主山以东北方的平冈短阜作起势，呈连绵不断之状，使主山不仅有高耸感，又有奔腾跃动之势。至西南角，山形成崖峦，动势延续向外斜出，面临水池。

后园部分，即山水区，主要由大型池山和园林建筑构成。这里的景色以"半潭秋水一房山"的亭子命名，表明假山占据了主要部分，并被半潭池水所环绕。半潭秋水一房山（房山亭又名翼然亭），位于环秀山庄东北角，建于假山湖石之上，四面环山，居高临下，可观全园。亭立于山间，攒尖顶，造型突出，其间额枋木构雕饰精美。

环秀山庄的整体布局特点是刚柔并济，得体合宜。它特别强调山体的重要性，山体面积超过全园的一半。水面则被收缩，依山而存在，并沿山涧、峡谷渗入山体的各个部分。这种布局方式使得山水相得益彰，刚柔相济，形成了独特的园林艺术效果。

②造园理法

环秀山庄的湖石假山是其构景的核心，假山设计主次分明，主山位于水池东部，与之相对的池北小山作为对景。主山高7米，高出地面约6米，分为前后两部分，通过南北向的山涧和东西向的山谷，分为三部分。这样的布局使得池水在两山之间回环，主次分明，突出了主景。

假山的布局曲折蜿蜒，变化丰富，节奏感强烈，尽管山水景色多样，但却不繁复，而是结构严谨，布局完整，符合起、承、变、结的连续构图原则。主假山虽然占地半亩，但由于运用了"大斧劈法"，使其简练遒劲，拥有60至70米的蹊径和12米的涧谷，山景中包含危径、洞穴、幽谷、石崖、飞梁、绝壁，空间变化多样。

从远处看，假山的高低交错，呈现出"山形面面、山势组合、外合内分"的景象，外观凝重厚实，整体合一，以势取胜。内部则包含洞穴、峡谷、天桥、衹道、洞流、石室等，两条幽谷呈人字形交会于山中，将山分为三部分，并引水入山。沿着峭壁散置步石，涧水潜流其间，两面石壁直插云天，给人一种寒意。石梁架于谷上，深处有山洞，洞内有石室，可供休息，地下还有石洞通向水面，上下天光，映入洞中。

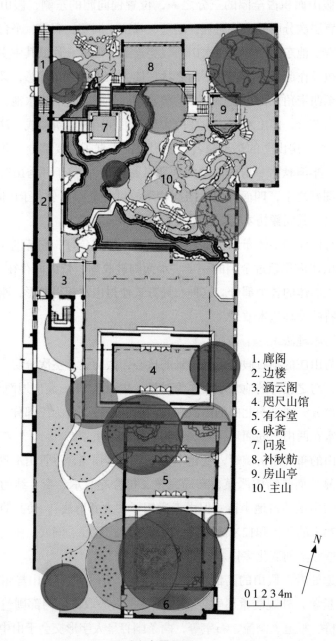

1. 廊阁
2. 边楼
3. 涵云阁
4. 咫尺山馆
5. 有谷堂
6. 咏斋
7. 问泉
8. 补秋舫
9. 房山亭
10. 主山

0 1 2 3 4m

环秀山庄平面图

后山主要以土为主，广植林木，山上空亭退于主山峰之后，使主体山峰更为突出、高大。全山处理细致，贴近自然，一石一缝交代妥帖，可远观亦可近赏，因此被誉为"别开生面、独步江南"。山上树林以黑松、青枫、女贞、紫薇等为主，或亭亭如盖，或从石缝中横盘而出，石缝中攀缠着藤萝野葛，颇具山林野趣。

（4）作业要求

①分析环秀山庄湖石假山的山景类型及创作手法。

②湖石假山局部速写2幅。

13.苏州博物馆

（1）背景资料

苏州博物馆，位于苏州市姑苏区东北街204号，成立于1960年1月1日，馆址为太平天国忠王府。2006年10月6日，由贝聿铭设计的苏州博物馆本馆建成并正式对外开放，本馆占地面积约10700平方米，建筑面积19000余平方米，加上太平天国忠王府总建筑面积达26500平方米，是收藏、展示、研究、传播苏州历史、文化、艺术的地方性综合博物馆。

苏州博物馆共有吴地遗珍、吴塔国宝、吴中风雅、吴门书画四个基本陈列，馆藏藏品总数24729件/套，珍贵文物9647件/套，其中一级品222件/套，二级品829件/套，三级品8596件/套，以历年考古出土文物、明清书画和工艺品见长。

苏州博物馆太平天国忠王府为首批全国重点文物保护单位。2008年5月，苏州博物馆成为首批国家一级博物馆。

（2）实习目的

①了解新中式园林及建筑风格。

②学习苏州博物馆建筑空间布局及展览流线布局。

③学习苏州博物馆庭院设计中片石假山的艺术手法。

（3）实习内容

①空间布局

苏州博物馆本馆占地面积约10700平方米，建筑面积19000余平方米。馆区以中央大厅为中心，中央大厅南侧为主入口、庭院及艺术品商店，中央大厅北侧为主庭院，分布有湖面凉亭和假山等园林景观。中央大厅东侧由东廊连接为紫藤园和现代艺术厅及忠王府。中央大厅西侧由西廊连接为吴地遗珍、吴塔国宝、吴中风雅、吴门书画四个常设展厅。游人可以通过室内荷花池上方的悬臂楼梯到达地下室，特展厅、影视厅、报告厅均位于此。

吴地遗珍展位于一层南侧，由晨光熹微、争伯春秋、锦绣江南、都会流韵四个展厅组成。"吴地遗珍"系列文物蕴含深邃，元气淋漓，包括史前陶器、玉器，六朝青瓷、五代秘色瓷，元张士诚母曹氏墓、明王锡爵墓随葬品等主题展室。

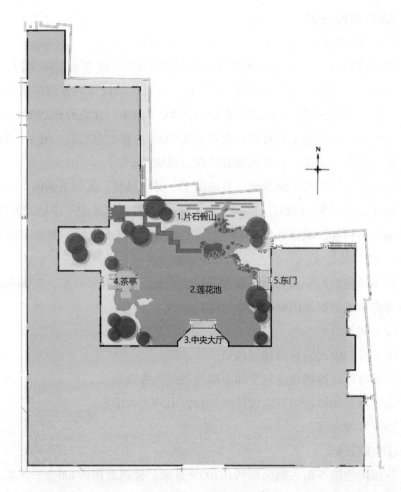

苏州博物馆中庭平面图

吴塔国宝展位于西部主展区地面一层西侧，由宝藏虎丘、塔放瑞光两个展厅组成，突出展示了苏州两座标志性佛塔虎丘云岩寺塔和盘门瑞光寺塔内发现的国宝级佛教文物。

吴中风雅展位于一层北部，由雕镂神工、文房雅事、闲情偶寄、迎神纳财、锦绣浮生、宋画斋、书斋长物、陶冶之珍、玫玉巧技九个展厅组成，"吴中风雅"系列文物千姿百态，玲珑剔透，包括明书斋陈设、瓷器、玉器、竹木牙角器、文具、赏玩杂件、民俗物品、织绣服饰等主题展室。

吴门书画展位于主展区二层，由北厅、南厅两个展厅组成，该展以馆藏书画精品展示为主导，以吴派及吴派源流诸子、四王吴恽及其源流诸子、扬州画派诸子等作品为主，遴选其中部分典藏，列以卷、轴、册等装潢形式，于吴门书画厅分期分批予以展示。

②造园理法

苏州博物馆的设计融合了传统与现代元素，将博物馆建筑巧妙地嵌入院落之间，使其与周围环境和谐统一。新博物馆庭院、展区以及行政管理区的庭院在造景设计上摆脱了传统园林的固定模式，寻求每个花园的新主题和导向，不断挖掘和提炼传统园林风景设计的精髓，以期成为未来中国园林建筑发展的方向。

博物馆的主色调为白色粉墙，旨在与苏州传统的城市肌理相融合。传统的灰色小青瓦坡顶和窗框被灰色的花岗岩所取代，以追求更统一的色彩和纹理。博物馆的屋顶设计灵感来自苏州传统的坡顶景观，飞檐翘角和细致的建筑细节被重新诠释，形成了一种新的几何效果。

玻璃屋顶与石屋顶相互映衬，引入自然光，为活动区域和展区提供照明，同时也为参观者提供视觉导向，营造出心旷神怡的氛围。玻璃屋顶和石屋顶的构造系统虽源于传统屋面系统，但采用了现代的开放式钢结构、木作和涂料组成的顶棚系统以及金属遮阳片和怀旧的木作构架来控制和过滤进入展区的太阳光线。

（4）作业要求

①绘制苏州博物馆建筑平、立、剖面。

②分析其"新中式"风格，探讨与周边环境的融合特征。

③建筑及庭院空间速写5幅。

14.寄畅园

（1）背景资料

寄畅园位于无锡城西秀美的锡惠山麓，面积仅1公顷。此园元朝时曾为僧舍，宋代词人秦观的后裔秦金扩建于明正德年间（约1520年），别名秦园，又因秦金号"凤山"，故名"凤谷行窝"。秦氏后裔秦耀将其改名寄畅园，取意王羲之诗句"寄畅山水荫"。清朝顺治年间，叠山大师张涟（字南垣）之侄张试在此堆砌假山，引入惠泉，使小小寄畅园园景益盛。1952年秦氏后人秦亮工将园献给国家。寄畅园是中国江南著名的古典园林，同时也是1987年国务院公布的全国重点文物保护单位。

（2）实习目的

①学习中国古典园林中借景的应用手法。

②学习中国古代园林中利用掇山理水处理溪涧的手法。

（3）实习内容

①空间布局

寄畅园的园景布局以山池为中心，假山依惠山东麓山脉延伸，形成余脉状。园中还构建了曲涧，引入"二泉"水流，使园内水声潺潺，增添了一份生机与活力。园内大树参天，竹影婆娑，营造出一种苍凉廓落、古朴清幽的景象。通过巧妙的借景、高超的叠石、精美的山水和洗练的建筑，寄畅园在江南园林中独树一帜，展现了一种山麓别墅园林的独特魅力。

全园分为东西两部分。东部以水池和水廊为主，池中设有方亭，为游人提供了休息和观赏的场所。西部则以假山和树木为主，通过高超的借景、洗练的叠山和理水手法，创造出一种自然和谐、灵动飞扬的山林野趣。这样的布局不仅美化了环境，也寄托了主人的生活情趣和对自然人生的哲学思考。

②造园理法

寄畅园的掇山特点是将土山当作惠山的余脉处理。南北蜿蜒，与横卧西侧的惠山脉络一致气势相连。土山上的散点石及山脚挡土墙都用黄石，进退自然，富于变化。土山有峰有谷，有脉有脚，起伏过渡极为自然，与惠山难分真假，可谓"虽由人作，宛自天开"。八音涧的假山堆叠技法，是根据黄石山崖的天然岩相特点来设计的。这种技法利用了黄石山崖横向折褶和竖向节理的特点，以模拟中国山水画中的"大斧劈皴"笔法。在堆叠过程中，选取大块黄石，通过巧妙的设计，将洞壁化作了石脉分明、坡脚停匀、进退自如、曲折有致、悬挑横卧、参差高低、主从相依、顾盼生情的天然图画。八音洞的出口处，不仅是寄畅园山水景观的转换枢纽，也是游园体验的一个高潮点。从这里折而右拐，游人将会进入一个新的景观，感受到别开生面的游兴，步入鹤步滩，继续探索寄畅园的山水之美。这种设计使得八音洞不仅是一个自然景观，也是寄畅园中游赏路线的一个有机组成部分，为游客提供了丰富而多样的游览体验。

寄畅园的理水手法可以分为动态和静态两种。动水为八音洞，利用暗道引来惠山二泉之水，产生了淙淙的水声和铿锵的泉鸣。静水为锦汇漪，形成了水面中心对景，又将水面连同空间分作两半，将池水分为两个不同情趣的水面。在西岸，又有两处小水湾，小水面的三面峻岩环抱，更具幽趣。最北面的廊桥更是隔断了尾水，使人不知水的去向，增加了无限幽深。水面经过这样分隔后，变成好几块，大小虚实产生对比，有聚有散，拓宽了水面空间，显得格外生动、活泼。

锦汇漪东岸，由清响、知鱼槛、先月榭、郁盘等连接成为一组亭廊建筑，背向秦园街，面对惠山，是园内主要观赏建筑。这一组建筑处理得曲折有致，富于变化，建筑玲珑小巧，体现了江南建筑的特色。

寄畅园在有限的空间内得到无限景色，具有小中见大的意境，主要是借景手法的应用。寄畅园的借景主要在外借，着力外借园外风景，将锡山、惠山、二泉、庙宇掌握在手，使内外风景环环相套，冶内外于一炉，纳千里于咫尺。

（4）作业要求

①草测知鱼槛平面及周边环境。

②草测八音洞平面及竖向图。

③举例分析寄畅园中借景手法的应用。

15.西湖

（1）背景资料

西湖位于浙江省杭州市，东起杭州城区松木场、保路转少年宫广场北，南至鼓楼沿吴山、紫阳山、云居山东侧山麓，西至留芳岭、竹竿山、九曲岭、名人岭至美人峰，北至老和山山麓转青芝坞路北侧。西湖的总面积约为59平方公里，其中湖面面积约为6.38平方公里。西湖是中国大陆首批国家重点风景名胜区和中国十大风景名胜之一。它也是现今《世界遗产名录》中少数几个和中国唯一一个湖泊类文化遗产。

西湖的历史演变是一个复杂的过程，涉及自然因素和人为干预的相互作用。学者们普遍认为，西湖最初是一个海湾，后来演变为潟湖，最终形成了我们今天所见的普通湖泊。在这个过程中，自然规律使得湖中的泥沙和营养物质沉淀，导致湖底逐渐变浅，从而可能引发湖泊向沼泽、沼泽向平陆的转变。

在唐代，西湖的面积大约是现在的两倍，达到了10.8平方公里。著名诗人白居易在杭州任刺史期间，对西湖进行了大规模的整治，包括建设水闸、筑堤塘以及疏浚工作，这些措施对保持西湖的面积和水质起到了重要作用。

到了宋代，苏轼在疏浚西湖的过程中，利用挖出的淤泥在湖中堆筑了一条长堤，即后来的"苏堤"，这使得西湖的水面被分成了东西两部分。然而，在元朝时期，由于缺乏有效的治理，西湖逐渐荒废，湖面大部分被淤泥填满，变成了农田和荷塘。1503年，杨孟瑛对西湖进行了又一次大规模的清淤工程。清朝时期，西湖基本保持了原有的风貌。到了雍正和乾隆年间，虽然湖面面积有所缩小，但经过大规模的疏浚工作，西湖的基本面貌得到了恢复。1800年，阮元再次对西湖进行了疏浚，并在湖中堆筑了第三岛——阮公墩，至此，现代西湖的基本轮廓基本形成。

西湖的历史演变不仅是一个自然过程，也是人类与自然环境互动的结果。通过历代官员和民众的努力，西湖得以保持其独特的自然景观和文化遗产，成为一个具有深厚历史底蕴和文化价值的旅游胜地。

（2）实习目的

①在了解西湖湖西综合保护工程建设的背景与意义的基础上，体会西湖风景名胜区如何进行有机更新，以保证可持续发展。

②学习风景营造，采用哪些手段体现景区的"幽"与"野"、风景建筑设计"民居化"与"自然化"，以反映地域特色与文化。

体会风景名胜区的规划与建设，并非单纯的空间与风景的规划，同时需要考虑社会、经济、环境等多方面的因素。

（3）实习内容

①空间布局

根据风景资源的特点和现状地形、植被、水体条件，将工程用地划分为六个组团，并以恢复的杨公堤为轴将此六个组团相串联，杨公堤以东自北向南依次为曲院风荷组团、丁家山组团、花港观鱼组团，杨公堤以西自北向南则依次为金沙港组团、茅家埠组团、三台山组团。六个组团各具特色又相互对比因借，均衡分布于杨公堤两侧并将其装点得多姿多彩，为这一旅游主轴提供了丰富的景观内容。

西山路为联系城区与风景区的主要交通道路，现为两块板形式，西山路现有六座平桥，位置自北向南大致与杨公堤上原环碧、流金、卧龙、隐秀、景行、溶源六桥相对应。曲院风荷组团，景观现状良好，现有游览设施完备，主要以名石苑、酒文化苑、曲院、福井院等构成景观主体，规划着重于对其水系的调整梳理，以理顺西湖水上游线。丁家山组团内人文景观资源丰富，环境良好，主要有刘庄、丁家山石刻、康庄、盖叫天墓址等。花港观鱼组团主要包括花港公园与鱼乐园，花港公园景观现状良好，鱼乐园硬质景观较好。金沙港组团位于西湖湖西综合保护工程用地的西北部，该地存留有众多近现代名人故居。茅家埠组团于西湖湖西综合保护工程用地的中部，区块内现状地势平坦，多为鱼塘、农田、茶园等，西南两侧山体植被繁茂，组团内人文资源也十分丰富，现存有通利古桥、都锦生故居、赵之谦墓址等。三台山组团位于整个规划范围的西南地块，组团内现状用地以农田为主，并有多处水塘，东部水体有乌龟潭、浴鹄湾，西部山峦起伏，群峰竞秀，有峰、岭、脊、鞍等多种山架结构，山谷中有较开敞空间可供游人活动，现有山路可登南高峰及五老峰顶。该组团人文景观资源极为丰富，西部山中原有法相寺、玉岑诗舍、留余山居等。

1. 断桥残雪
2. 平湖秋月
3. 曲院风荷
4. 双峰插云
5. 苏堤春晓
6. 三潭印月
7. 花港观鱼
8. 南屏晚钟
9. 雷锋夕照
10. 柳浪闻莺

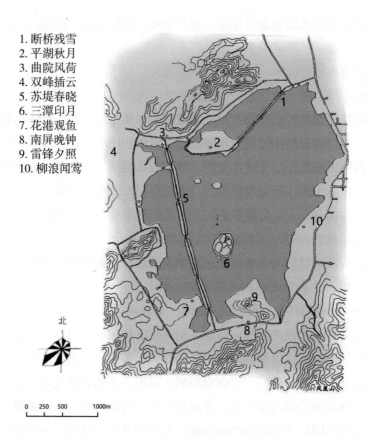

西湖平面图

②造园理法

通过西湖湖西综合保护工程，原本被分隔的山水得到了重新融合，并创造出山水之间的过渡带，如河湾港汊、曲水湖洲，丰富了水系形式，为多种生物提供了适宜的栖息空间，使得湖西地区成为水草丰盈、锦鳞可数的湿地。新拓展的水域被划分为四个部分：金沙港、茅家埠、乌鱼潭和浴鹄湾，每个部分都有其独特的景观特色。

湖西景区中有多条溪流，它们的驳岸处理也各具特色。例如，金沙港南缘的涧以大卵石置于涧水中，水底的卵石给人以回归自然的感受，而卵石浅滩可以为两栖类动物提供出入场所，也可以引来鸟类和到水边喝水的小型哺乳动物。金溪山庄前的溪流和水杉林中的清浅水网则借植被的驳岸，同时在草本植被中点缀几簇灌丛，使溪流、草坡、灌丛自然过渡，达到与空间环境的协调统一。位处浴鹄湾的赤山溪，将小径与溪流间的块石陡坡作为溪岸，块石的间隙中栽植植物，十分别致。

在水生植物设计上，强调四处水域的不同特色。为营造金沙港自然野趣的溪流景观，将常绿的石菖蒲、金线蒲丛地排压在鹅卵石下，植株按水势有直立、有伏置，形似浑然天成。茅家埠为突出"茅"的意境，于桥头、堤岸、水边草坡、卵石滩、栈道旁大量种植斑茅，使其成为十月芦荻扬花的主角。乌龟潭水面与游步道间的高差超过2米，于湖岸边将芦苇、香蒲等高杆挺水植物混栽，使水面与湖岸完美过渡。浴鹄湾以"花"立意，突出展现"花"的特色，水生植物选择了淡紫色花絮的再力花、蓝色花絮的海寿花、白色花絮的小鬼蕉、粉色花絮的红蓼以及多花色的花菖蒲等，并且还特意营造了黄菖蒲群落、千屈菜群落和萍蓬草群落，突出群体的花色效果。

（4）作业要求

①草测临水平台、建筑及环境三处。

②总结景区驳岸处理及湿生植物运用的形式与方法。

③评述西湖湖西综合保护工程景观设计中的得与失。

16.杭州西溪国家湿地公园

（1）背景资料

西溪国家湿地公园是中国重要的湿地保护区之一，位于杭州市西湖区和余杭区西北部，距离西湖不到5千米。公园规划总面积达到11.5平方公里，内部河流总长超过100千米，其中水域面积占总面积的70%左右，包括河港、池塘、湖漾和沼泽等地。西溪湿地公园以其丰富的生态资源、幽雅的自然景观和深厚的文化积淀而闻名，与西湖和西泠并称杭州的"三西"。它是国内首个集城市湿地、农耕湿地和文化湿地于一体的国家级湿地公园。2009年7月7日，西溪国家湿地公园被列入国际重要湿地名录，这是对其生态价值和保护意义的国际认可。2012年1月11日，西溪湿地旅游区被正式授予"国家5A级旅游景区"称号，成为中国首个获得这一最高等级景区的国家湿地公园。2013年10月31日，西溪湿地公园又被中央电视台评选为中国"十大魅力湿地"。这些荣誉和认可体现了西溪湿地公园在生态旅游、环境保护和文化传承方面的重要地位和作用。

（2）实习目的

①了解西溪国家湿地公园的整体空间布局。

②学习湿地公园的湿地保护区划分及建设。

（3）实习内容

①空间布局

西溪国家湿地公园位于中国浙江省杭州市，是一个集生态、文化、旅游于一体的综合性湿地保护区。公园占地面积约11.5平方公里，分为三大区域和五个具体保护区以及一条绿色景观长廊和三条特色景观带。

三大区域分别是：

东部湿地生态保护培育区：面积2.4平方公里，主要进行湿地生态的保育、恢复和培育，目标是营造一个原始的湿地沼泽地，保护和恢复湿地多样性物种。

西部湿地生态景观封育区：面积1.78平方公里，实施一定年限的全封闭保护，以营造原始的湿生沼泽地。

中部湿地生态旅游休闲区：面积5.9平方公里，用于提供生态旅游和休闲体验。

五个体保护区分别是：

生态保护培育区：着重于湿地生态的保护和恢复。

民俗文化游览区：展示西溪湿地地区的民俗文化。

秋雪庵保护区：恢复秋雪庵的历史景观和文化植物，体现湿地的历史文化。

曲水庵保护区：恢复曲水的传统景观，以文化风景游览为主题。

湿地自然景观区：突出科普功能，展示湿地生态群落的多样性和稳定性。

绿色景观长廊是一条50米宽的多层式绿化带，由不同层次的植物组成，具有观赏和导引功能。

三条特色景观带分别是：

紫金港路"都市林荫风情带"：提供都市中的绿色休憩空间。

沿山河"滨水湿地景观带"：沿着河流打造湿地景观。

五常港"运河田园风光带"：展示运河周边的田园风光。

②保护区设置

景观保护区：即西溪湿地、闲林（五常、和睦）湿地，应严格保护区域内湿地生态空间，严控开发建设规模和建筑体量、风貌。

特级景观控制区：即背景山体，应严格保护自然山体的地形地貌以及自然林相景观，严控开发建设规模和建筑体量、风貌，新建建筑应掩蔽于林冠线以下，延续"十八里云山"的整体意境。

一级景观控制区：即近溪地区，总体形成略高于前景林冠线、低伏于背景山体山脚的整体形象；从平地控制视点看，范围内建筑应不可见，保持湿地视觉景观的纯净性；结合轨道站点、公共中心等可适当布局区域高点，但应保持城市空间隐于山水环境的总体意象。

二级景观控制区：即远溪地区，包括高层簇群引导区、周边景观协调区和其他一般二级景观控制区。高层簇群引导区内应结合地标建筑形成往四周高度趋降、错落有致的高层建筑簇群，与南侧连绵的自然山脊相呼应；周边景观协调区在满足西溪湿地视线景观控制要求的基础上，还应协调好城市空间与区域内自然山水、历史人文景观的关系；其他一般二级景观控制区内，从平地控制视点看，一般建筑不可见，从高地控制视点看，一般建筑不宜超过现状建筑轮廓线，结合轨道站点、公共中心等可适当布局区域高点，从控制视点看可见部分应形成错落有致的轮廓形象。

视线廊道：保护河渚塔望东明山、步云塔望东明山、步云塔望半山、步云塔望万金山的四条观山廊道范围内，现状可见山景面不减少。

（4）作业要求

①从生态保护区划分角度分析杭州西溪国家湿地公园的保护区分级合理性。

②总结西溪国家湿地公园中常见的湿地水生植物品种及生长习性。

17.太子湾公园

（1）背景资料

太子湾公园位于杭州西湖风景区内，毗邻灵峰山和玉泉山，位于苏堤春晓、花港观鱼南部及雷峰夕照、南屏晚钟西部背山面湖的密林间，原是西湖西南隅的一片浅水湾，总面积约为76.3公顷。据《宋史》记载，宋时曾被择为庄文、景献两太子埋骨之所，湖湾因此而得名。古代的太子湾是西湖的一角，经历了长时间的地质变迁，由于山峦泥沙的冲刷和流泄，逐渐形成了沼泽洼地。在新中国成立后，太子湾成为两次疏浚西湖时淤泥的堆积处，这进一步改变了该地的地貌。1985年，随着西湖引水工程的开挖，一条引水明渠穿过了太子湾的中部，钱塘江的水因此得以从南至北流入小南湖。太子湾公园地处九曜山北坡，气候条件相对较差，经过人工改造和植被的种植，逐渐恢复了自然生态。

（2）实习目的

①学习自然山水园的理景手法，着重体会山水骨架的构建对园林布局、空间组织的作用。

②学习在自然山水园的竖向设计中如何处理地形塑造与水体变化之间的关系。

③学习在自然山水园的种植设计中如何运用植物的体量、质感、色彩等来塑造空间。

（3）实习内容

①空间布局

杭州太子湾公园的总体构思中，将"太子"之意延伸为"龙种"，因此在整体布局上，突出龙脉的概念。公园以水体作为"白龙"，以地形和植被作为"青龙"，两条龙相互交织，形成动与静、内与外、上与下等不同的空间关系，共同构成了全园的山水骨架。

太子湾公园的整体布局通过园路和水道的间隔，将全园分为六个区域，每个区域都有其独特的景观特色。

入口区：这是游客进入公园的第一区域，通常设计有引导性的景观和入口设施，以便游客顺利进入公园内部。

琵琶洲景区：琵琶洲是全园最大的环水绿洲，是一个相对独立的区域，游客可以在这里欣赏到水景和绿洲的美景。

逍遥坡景区：逍遥坡是一个倾斜的草地区域，游客可以在这里休息和观赏远处的景色。

望山坪景区：望山坪是一个平坦的区域，游客可以在这里欣赏到远处的山景，感受与自然的亲近。

凝碧庄景区：凝碧庄是一个较为私密的区域，可能包含一些特色植被和建筑，提供一个宁静的环境供游客欣赏和休息。

公园管理区：这是公园的管理和维护区域，通常不向游客开放，以确保公园的正常运作和维护。

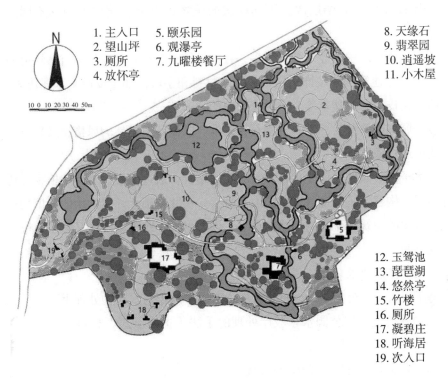

1. 主入口　5. 颐乐园　　　8. 天缘石
2. 望山坪　6. 观瀑亭　　　9. 翡翠园
3. 厕所　　7. 九曜楼餐厅　10. 逍遥坡
4. 放怀亭　　　　　　　　11. 小木屋

10 0 10 20 30 40 50m

12. 玉鸳池
13. 琵琶湖
14. 悠然亭
15. 竹楼
16. 厕所
17. 凝碧庄
18. 听海居
19. 次入口

太子湾公园平面图

②造园理法

太子湾公园的设计充分利用了地形和水的特点，创造了一个富有变化的园林空间。

在地形塑造方面，太子湾公园通过丰富的竖向设计手段，如池、湾、溪、坡、坪、洲、台等，组织和创造出多样的园林空间。同时，考虑到功能和建设管理的需要，控制了排水坡度，确保园路低于绿地，有利于排水和植物生长。

公园的水体设计首先考虑功能需求，保证引水工程的需要，同时注重景观的和谐。水系走向、驳岸处理、水位控制、水景营建和植物护岸等方面都进行了精细的调整和建设，使引水工程与景观创造相得益彰。

公园的植物配置充分考虑植物的生长特性和态势，利用植物的色彩、体量、外形、质感等特征，创造出丰富层次的植物空间。配置分为高、中、低、地被和草坪五个层次，不同层次的植物在季节变化中展现出不同的风貌。

太子湾公园中的建筑数量不多，且体量较小，以达到建筑与自然环境的和谐融合。建筑的外装饰采用自然化的材料和手段，如带皮原木水泥仿木、茅草、树皮、水泥塑石等，以保持景观的和谐统一。

公园中园路分为三级，采用石材铺设，既保持了自然的风格，又提供了便捷的通行条件。

太子湾公园的设计注重自然与功能的结合，通过地形、水体和植物的巧妙运用，构建了一个饱满稳定的山水骨架。在此基础上，以大块面的植物种植、轻盈的建筑和流畅的园路为点缀，创造出一个既丰富多样又简洁明快的景观空间。

（4）作业要求

①以太子湾公园为例，总结自然山水园中地形与水系的处理手法。

②总结太子湾公园水系驳岸处理的手法（护坡形式、材料及植物等内容）。

③完成太子湾公园院内速写2幅。

18.杭州植物园

（1）背景资料

杭州植物园位于杭州市西湖区桃源岭1号，总面积约为284.64公顷。

杭州植物园始建于1959年，是在杭州市园林管理局的支持下，利用原有的自然植被和地貌特征，结合人工造景而成。经过多年的发展，杭州植物园已经成为一个植物种类丰富、景观多样的知名植物园。杭州植物园拥有丰富的植物资源，包括珍稀濒危植物、观赏植物、药用植物等多个品种。园内分为多个不同主题的植物区，如杜鹃园、竹园、松柏园、茶园等，共计有超过1000多种植物。

（2）实习目的

①学习植物园的空间布局。

②学习江浙地区常见植物品种。

（3）实习内容

①空间布局

杭州植物园根据不同的功能可分为：观赏植物区（专类园）、植物分类区、经济植物区、森林公园。其中，观赏植物区由木兰山茶园、灵峰梅园、桂花紫薇园、百草园、桃花园、杜鹃槭树园、山水园、竹类植物区等8个专类园组成。

杭州植物园内的灵峰梅园是该园内的一个重要景区，专注于蜡梅的种植和展示。它位于灵峰探梅景区的西南侧，占地面积约为20余亩，种植有多种蜡梅品种，包括蜡梅、夏蜡梅和亮叶蜡梅，共计2200余丛。园内还保留有6丛以上的古蜡梅，这些古树是以前寺庙的遗存物，增添了园区的历史文化氛围。1986年灵峰探梅重建时，蜡梅成为主要的配置植物之一，与梅花共同构成了美丽的冬季景观。灵峰探梅景点自1988年重建开放以来，已经完善了以梅为主题的特有游览内容。每年举办的灵峰探梅活动都吸引了众多游客前来观赏。重建后的灵峰景区占地150亩，新栽梅树5000余株，包括果梅和花梅，共有二系、四大类、十二型、四十五个品种。

杜鹃园是杭州植物园内的另一个特色园区，位于百草园旁，占地面积达3公顷。园内种植了春鹃、夏鹃、东洋鹃等25种杜鹃，共有70余个品种。杜鹃园东面有0.7公顷的杜英林，环境幽深，木屋掩映其中，给人以野趣盎然之感。槭树杜鹃园则位于植物园北门内，占地面积2公顷，建于1958年。该园以春季观赏杜鹃花和秋季赏槭红叶为主题，巧妙地利用了槭树和杜鹃花的配置以及叠石、草地和休息亭的设置，营造出一幅美丽的自然景观。

玉泉位于植物园北侧，占地21亩，是杭州著名的三泉之一，以其晶莹透明的泉水而闻名。森林公园位于玉泉山，占地30.6公顷，建于1997年，园内收集了80科、170属、570余种植物，分为名人区、青少年活动区、自然保护区、树木园等四个小区。

　　百草园位于植物园办公楼东侧，占地面积1.5公顷，建于1969年。园内根据不同植物的生态环境要求，结合地形，采用模拟自然的手法进行植物配置，创造了多种生态小区，如阴生、阳生、半阴生、岩生、水生等，并建有了"本草轩"盆栽药用植物展示小区，是一个布局精巧、种类丰富的药用植物专类园。

杭州植物园平面图

　　②造园理法

　　杭州植物园的总体规划体现了对自然环境的尊重和利用以及对植物园功能与美学的综合考虑。

　　杭州植物园的规划理念是在尊重自然的基础上，通过科学和艺术的结合，创造出既美观又具有科研、教育价值的园区。规划旨在将植物园的各个组成部分有机地结合起来，使其成为一个和谐统一的整体。植物园以灵峰山为依托，面向西湖，玉泉山位于园中，地势起伏，有自然水体点缀，为植物生长提供了理想的条件，也为景观层次和空间的创造提供了基础。园内植被丰富，树木年龄层次分明，生长状况良好，形成了丰富的生物多样性。山林成为许多小动物的栖息地，特别是鸟类的栖息场所，为植物园的生态规划提供了良好的基础。杭州植物园内有许多特色鲜明的专类园，如灵峰探梅、玉泉色跃等，这些园区不仅具有悠久的历史和深厚的文化沉淀，而且是游客喜爱的游览景点。其他如分类园、百草园、竹园等也在全国范围内具有影响力。为了满足游客的不同需求，植物园内营造了多种绿地类型，包括滨水植物群落、疏林草地群落、密林群落和复层群落。这些群落根据空间形态的不同，可以分为点状独立式、线状序列式和面状组合式植物群落。植物园按照"科学的内涵，艺术的外貌"原则进行建设，既注重植物的科学价值，也追求植物配置的艺术美感。通过不同的规划手法和处理方式，创造出既实用又美观的植物园环境。

（4）作业要求

①整理杭州植物园实习报告，要求包含常见植物的形态特征及生态习性。

②绘制3组植物园内植物配植组团效果图，并分析其植物配置特点。

19.个园

（1）背景资料

个园位于扬州市广陵区盐阜路，占地面积约为1.4公顷。个园建于清乾隆年间，1770年左右，最初由扬州盐商黄至筠创建。园主爱竹，他的名字中的"筠"本意是竹皮，借此指竹，在园中修竹万竿，因"个"字乃"竹"字之半，且状似竹叶，无个不成竹，故取名"个园"。个园还以叠石艺术著称，笋石、湖石、黄石和宜石被巧妙地叠成春、夏、秋、冬四季假山，融造园法则与山水画理于一体。

（2）实习目的

①学习中国古典园林以小见大的造景手法。

②领会中国古典园林空间处理中掇山的理法与技巧，并了解不同石材的特点及应用。

（3）实习内容

①空间布局

个园分为南部住宅区、中部花园、北部万竹园和东部花局里商业休闲街区四个部分。中部花园为主人休憩、读书、接待宾客之处，以宜雨轩为中心，四周环绕春山、夏山、秋山、冬山等"四季假山"，顺时游览可体会四时之景，每个季节的假山各具特色，分别代表不同的季节景色，表达出"春山艳冶而如笑，夏山苍翠而如滴，秋山明净而如妆，冬山惨淡而如睡"的诗情画意；北区突出竹文化，表现个园"竹石"的主题。此外，个园还有丛书楼、宜雨轩、住秋阁、清漪亭、抱山楼、映碧水榭等众多建筑和景点。

②造园理法

个园的假山以其独特的设计和精巧的堆叠技艺而闻名，是扬州古典园林中的代表作。个园的假山分为两部分：一部分用黄山石叠成，另一部分用太湖石叠成，分别体现了北派和南派的石法。北派石法主要体现在黄山石的使用上，这种石头通常具有较高的硬度和较为粗犷的质感，适合制作出形态各异、结构复杂的山体。在个园中，这部分假山腹中有曲折磴道，盘旋到顶，这是典型的北派手法。南派石法则体现在太湖石的使用上，太湖石质地细腻、纹理清晰，常用于营造柔美、流畅的景观效果。在个园中，这部分假山流泉倒影，逶迤一角，展现了南派石法的特点。

这两种叠石方法不仅反映了中国山水画南北之宗的艺术理念，还统一在一个园子里，构成了个园假山的独特风格。个园通过巧妙地运用不同的石材和堆叠技法，将春、夏、秋、冬四季景色融入其中，每个季节都有其独特的景观和意境。例如，春季选用石笋插入于竹林中，表现雨后春笋；夏季在荷花池畔叠以湖石，营造出炎夏浓荫的感觉；秋季是坐东朝西的黄石假山，峰峦起伏，登山俯瞰，顿觉秋高气爽。个园的假山不仅展示了中国古典园林杰出的假山堆叠技艺，还通过不同石材和堆叠手法的结合，实现了"虽由人作，宛自天开"的艺术境界。

（4）作业要求

①完成个园山石空间速写3—5张。

②分析个园四季假山的造景艺术与堆叠手法。

20.何园

（1）背景资料

何园，位于江苏省扬州市的广陵区徐凝门街66号，是一处晚清时期的私家园林，又名"寄啸山庄"，被誉为"晚清第一园"。何园占地面积2.3万余平方米，建筑面积7000余平方米。曾在何园寓居过的名人有很多，如著名国画大师黄宾虹、著名作家朱千华等等。

清同治元年（1862年），何园始建，旧址是清乾隆年间双槐园。清光绪九年（1883年）何芷舠在扬州建造寄啸山庄，前后历时13年之久。1937年日军侵华，占领了东三省以至大半个中国，部分伤兵驻扎何园。1988年，何园与个园一同被国务院授予第三批"全国重点文物保护单位"的称号。1989年，片石山房复修。

（2）实习目的

①学习古典园林建筑"廊"的多种布局手法。

②学习私家园林建筑院落空间布局及古典园林建筑之间如何相互连接对景等造景手法。

（3）实习内容

①空间布局

何园全园分为东园、西园、园居院落、片石山房四个部分，片石山房在东园南面，园居院落则被东园、西园和片石山房包围，其园内的两层串楼和复廊与前面的住宅连成一体。

东园是何园的序幕部分，整体布局较为疏旷。主要景点包括：主要建筑船厅，厅似船形，带回廊，单檐歇山式屋顶，面阔15.65米，进深9.50米；用于阅读和学习的读书楼，体现了主人对文化教育的重视；牡丹厅，因迎面山墙上嵌有"凤穿牡丹"的砖雕而得名；贴壁假山，利用假山营造出自然景观，增添了趣味性和观赏性。

西园空间相对紧凑，空间布局更加密集，亭台楼阁环池而建。其主要景点包括蝴蝶厅、赏月楼、水心亭、展示和收藏文物的同仁馆。赏月楼与复道廊相连，并与太湖石假山贯穿分隔，廊间漏窗形成透景。池东有石桥，与水心亭贯通，亭南曲桥抚波，与平台相连。

片石山房位于东园南面，是明末清初画坛巨匠石涛叠石的作品，具有极高的艺术价值。主要景点有何家祠堂、明楠木厅、石涛叠石及水中月。其中由著名画家石涛设计的假山景观，是片石山房的核心景点之一。

②造园理法

何园的游廊建筑是其主要特色。不同类型的游廊布局巧妙，空廊、复廊、爬山廊、直廊、曲廊、楼廊，既有中国传统的木结构廊道，也有融入了西方建筑元素的砖石结构廊道。何园的廊道不仅是游览的路径，也是文化传承的载体，在廊道中融入了家训、书法、绘画等文化元素。

园中的植物配置也颇为考究，重视植物季相搭配及文化含蕴，如半月台旁的梅花、桂花、白皮松，北山麓的牡丹、芍药，南山的红枫，庭前的梧桐、古槐，建筑旁的芭蕉等等。

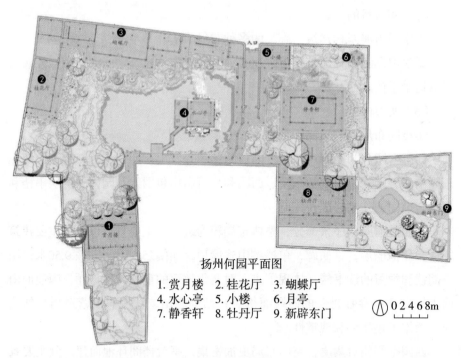

扬州何园平面图

1.赏月楼　2.桂花厅　3.蝴蝶厅
4.水心亭　5.小楼　6.月亭
7.静香轩　8.牡丹厅　9.新辟东门

0 2 4 6 8m

何园平面图

中国的古典私家园林的建筑布局，不同于国外园林中轴线对称理念，采用的是自然法，其亭台楼榭不规则地散落分布于或人造或依地貌而成的山水之间，取天人合一之意境。何芷舠建于清光绪九年（1883年）的扬州何园，不仅深谙中国园林的山水境界，也熟悉开放性布局和由各种两层回廊组成的网络状结构，观念创新。

（4）作业要求

①对"片石山房"院落进行测绘。

②仔细观察何园内复廊，完成速写1幅。

21.怡园

（1）背景资料

怡园位于苏州市人民路原43号（现1265号），现有面积6270平方米。怡园建于清光绪年间，浙江宁绍台道顾文彬在明代尚书吴宽旧宅遗址上营造9年，耗银20万两建成，取《论语》"兄弟怡怡"句意，名曰怡园。怡园集诸园所长，巧置山水，自成一格。1963年被列为苏州市文物保护单位，1982年被列为江苏省文物保护单位。

（2）实习目的

①学习古典园林建筑"复廊"的布局手法。

②学习古典园林空间处理手法，建筑、水体与植物之间的组合关系。

（3）实习内容

①空间布局

怡园以复廊为界隔东西两部分，东部以建筑为主，庭院中置湖石、植花木；西部旧为祠堂，水池居中，环以假山、花木、建筑；园南可通住宅。

入园即为东部，以庭院、建筑为主。循曲廊南行经玉延亭，折向西北，至四时潇洒亭，廊由此分为二路：一路西行经玉虹亭、石舫、锁绿轩，出复廊北端院洞门，达西部北端假山。另一路南下至坡仙琴馆、拜石轩。再西行由复廊南端可进入西部。

西部以东西向的水池为中心。池南有鸳鸯厅，厅北称藕香榭，又名荷花厅；厅南称锄月轩，又名梅花厅；盛夏可自平台赏荷观鱼，严冬经暖阁寻梅望雪。池北岸假山以湖石砌为石屏、磴道、花台等，又建有小沧浪、螺髻亭二亭。假山西端渐高，下构石洞。池西侧尽处布置旱船画舫斋。穿过碧梧栖凤馆和面壁亭可绕回至鸳鸯厅。

②造园理法

在造园理法上，怡园集多园精华，水池效仿网师园水院布局，游廊参考沧浪亭的复廊，假山学习环秀山庄，洞壑摹狮子林。整体布局自然，亭廊榭舫小巧雅致，山池花木疏朗宜人，堪称园中精品。西部，以拙政中园为蓝本，北掘地为池，池南——鸳鸯厅（藕香榭及锄月轩）为园中主体建筑。西北部叠石参照环秀山庄，狮安邱壑、磴道奇曲、洞窟诡异。建筑有"碧梧栖凤馆""画舫斋""面壁亭""小沧浪""螺髻亭"等诸人文景观，特别是嵌入长廊墙体的书条石书法艺术被称作"怡园法帖"。

（4）作业要求

①对怡园平面空间进行分析，探讨复廊对古典园林空间划分的作用。

②对碧梧栖凤馆进行建筑测绘。

（二）北方园林

1.颐和园

（1）背景资料

颐和园始建于清乾隆十五年（1750年），其前身名为清漪园。以发展阶段来划分，颐和园大致经历了建园之前、清漪园、颐和园三个历史时期。因此，颐和园的形成与发展，不仅有特定的社会、经济、政治背景，同时与周边环境的变迁有着必然的联系，现存的山水格局主要由万寿山和昆明湖组成。而在颐和园建园之前，万寿山和昆明湖就已经是北京西北郊风景名胜区的一个组成部分。

颐和园全园占地3.009平方千米（其中颐和园世界文化遗产区面积为2.97平方千米），水面约占四分之三。颐和园与圆明园毗邻，它是以昆明湖、万寿山为基址，以杭州西湖为蓝本，汲取江南园林的设计手法而建成的一座大型山水园林，也是保存最完整的一座皇家行宫御苑，被誉为"皇家园林博物馆"。

（2）实习目的

①了解北京西北郊风景区域发展的历史，掌握"三山五园"空间关系与历史沿革。

②掌握颐和园的整体空间布局及重点景区的造园手法等。

③通过实习，印证中国古代园林的造园理法，掌握皇家园林的造园特点。

（3）实习内容

①空间布局

颐和园集传统造园艺术之大成，借景周围的山水环境，饱含中国皇家园林的恢宏富丽气势，又充满自然之趣，高度体现了"虽由人作，宛自天开"的造园准则。园中主要景点大致分为三个区域：

宫廷区以庄重威严的仁寿殿（勤政殿）为代表，包括勤政殿、二宫门两进院落等，是清朝末期慈禧与光绪从事内政、外交政治活动的主要场所。

前山前湖景区占地2.55平方千米，为全园面积的88％，是颐和园的主体。前山即万寿山的南坡，前湖即昆明湖，长堤"西堤"及其支堤将前湖划分为里湖、外湖、西北水域等三个面积不等的水域。万寿山南麓的中轴线上，金碧辉煌的佛香阁、排云殿建筑群起自湖岸边的云辉玉宇牌楼，经排云门、二宫门、排云殿、德辉殿、佛香阁，终至山顶的智慧海。

"后山"主要为万寿山的北坡，"后湖"指后山与北宫墙之间的水道，也称之为"后溪河"。后山后湖景区占地24公顷，为全园总面积的12％，其中山地19.3公顷。后溪河自西端的半壁桥至东端的谐趣园全长1000余米，建有"后溪河买卖街"，现称"苏州街"。

②造园理法

虚实对比：颐和园山水骨架中，山为"实"，水为"虚"，两者映衬，形成虚实对比关系。建筑为"实"，植物为"虚"，使建筑融于绿色，景致协调。

开合对比：颐和园前山与前湖以宽阔的水面与大体量的建筑，塑造出开敞的园林空间，而后山与后湖则急剧收缩岸线，缩减建筑体量，形成众多闭合空间，同时前山大量使用落叶树种，衬托建筑与山形，而后山则大量的常绿树种掩映院落空间，前山前湖的"开"与后山后湖的"合"形成对比，创造出丰富的空间感受。

隐显对比：颐和园前山、里湖、外湖一带的绝大部分地段具有开朗的景观，景点的布置以"显"为主；若为建筑群则空间全部或大部外敞，有的甚至做成"屋包山"的形式；若为个体建筑则多呈楼阁的形式，以便充分发挥其观景和点景的作用。而后山后湖景点大多以"隐"为主，景点多见于水畔、山坳、谷地等郁闭环境中，空间以内聚为主，有的建筑甚至做成"山包屋"的形式。"显"体现出皇家的恢宏气魄，而"隐"则为园林增添了几分平和与小巧。

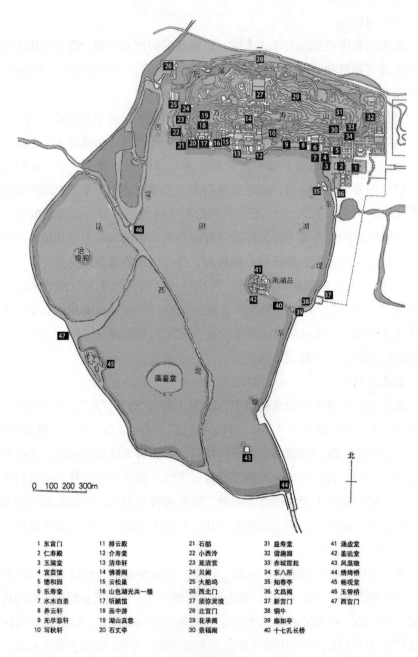

1 东宫门	11 排云殿	21 石舫	31 益寿堂	41 涵虚堂
2 仁寿殿	12 介寿堂	22 小西泠	32 谐趣园	42 鉴远堂
3 玉澜堂	13 清华轩	23 延清赏	33 赤城霞起	43 凤凰礅
4 宜芸馆	14 佛香阁	24 贝阙	34 东八所	44 绣绮桥
5 德和园	15 云松巢	25 大船坞	35 知春亭	45 畅观堂
6 乐寿堂	16 山色湖光共一楼	26 西北门	36 文昌阁	46 玉带桥
7 水木自亲	17 听鹂馆	27 须弥灵境	37 新宫门	47 西宫门
8 养云轩	18 画中游	28 北宫门	38 铜牛	
9 无尽意轩	19 湖山真意	29 花承阁	39 廓如亭	
10 写秋轩	20 石丈亭	30 景福阁	40 十七孔长桥	

颐和园平面图

借园外景物：颐和园内采用了最为典型的借景手法，西借玉泉山、西山之景与北借红山口双峰之景。为了突出借园外景物的效果，造园者刻意在西堤以西未建置任何大体量建筑，以保证景观视线通道的通透与完整。

借名胜景物：因借摹拟各地山川名胜的手法在皇家园林营造中屡见不鲜。通过比较会发现，颐和园中的昆明湖与杭州的西湖之间，昆明湖西北水域与扬州瘦西湖之间，藻鉴堂的建筑布局与圆明园的"方壶胜境"之间，谐趣园的山水格局与无锡寄畅园之间，后湖的苏州街与江南水乡街市之间，都有着一种"似与不似"的关系，颐和园将这种借山川名胜来摹拟造园的手法发挥得淋漓尽致。

借景言志：无论是承德避暑山庄、颐和园这样的皇家园林，还是拙政园和留园这样的私家园林，都不是将园林简单地按休闲娱乐空间来处理，而是赋予园林以更多的社会政治、文化理念的内容，通过园林的营建起到借景抒怀、托物言志的作用。园中大多景物都有景题，通过对景物的抽象概括，借文字来表达内心的情绪与感悟。因此，"借景言志"成为古代园林营造中重要的理景手法。

主从调控：颐和园作为大型的皇家宫苑，不仅需要突出局部景点的主从关系，在全园总体布局上，同样需要通过地形的变化、建筑空间尺度的调整等方法，起到对全园景观的控制作用。园林营造中对主体空间尺度的把握、对主景与次景之间关系的调控等环节对于景观体系的构建与完善起到主导作用。

（4）作业要求

①草测颐和园知春亭的平面、立面。

②草测苏州街局部，需体现建筑、水体、驳岸、植物等要素关系。

③草测谐趣园平面，并与无锡寄畅园进行对比。

④自选园林空间处理佳处，速写4幅。

⑤论述颐和园总体空间布局的特点。

⑥系统总结颐和园及周边水系的关系及园中理水的做法。

⑦整理并总结颐和园全园游览路线的组织。

2.北海公园

（1）背景资料

北海公园位于北京城的中心地区，东临景山和紫禁城，西接元代兴圣宫和隆福宫遗址，南面与中南海一桥之隔，北面濒临什刹海。北海公园的面积为68.2公顷，其中水面约占38.9公顷，岛屿占6.6公顷，是中国现存历史最悠久、世界上保存最完整的皇城宫苑园林之一，素有人间"仙山琼阁"之美誉。

北海的历史可以上溯到800多年前的辽、金时代。自辽代开始就在北海建琼屿行宫；金代又以北海琼华岛为中心建太宁宫；元代又以太宁宫为基础，建元大都及三宫建制；明清两代也对北海进行了大规模的建设，使北海在近千年的历史中形成了独特的景致，也积累了丰富的文化内涵。全园以神话中的"一池三山"（太液池、蓬莱、方丈、瀛洲）构思布局，形式独特，富有浓厚的幻想意境色彩。

1900年八国联军侵占北京，北海遭到严重破坏。辛亥革命后的1925年8月，北海被辟为公园向游人开放。中华人民共和国成立后，北海公园被列为国家重点文物保护单位。1961年被国务院公布为第一批全国重点文物保护单位，成为首都中心区的重要游览胜地。1987年，北海被评为北京新十六景之一。

（2）实习目的

①了解北海的历史沿革，熟悉其创建历史及其在中国古典园林中所处的历史地位。

②通过实习，掌握北海的整体空间布局及重点景区的造景手法。

③将北海与其他皇家园林作横向对比，归纳总结其异同点，掌握其主要的造园特点。

④通过实习，掌握皇家园林的造园特点。

（3）实习内容

①空间布局

北海全园可分为团城、琼华岛、北海东岸、北岸、西岸五个部分。名胜古迹众多，著名的有琼华岛、永安寺、白塔、静心斋、阅古楼、画舫斋、濠濮间、五龙亭、九龙壁等，有燕京八景之一的"琼岛春阴"。

团城在北海的南侧，北海与中海之间，距今已有800多年的历史，城墙高4.6米，周长276米，面积4553平方米，是一座独具风格的圆形城垛式古老建筑。团城四周风光如画苍松翠柏，碧瓦朱垣。

琼华岛在北海公园太液池中，是公园的中心。面积6.5公顷，山高32.8米，周长1913米，是1179年用挖湖的土堆积而成，按照神话仙境的意图设计出来的，被喻为"海上蓬莱"。琼华岛的南坡是一组布局对称均齐的山地佛寺建筑群——永安寺。西坡地势陡峭，建筑物的布置依山就势，配以局部的叠石而显示其高下错落的变化趣味。北坡的地势下缓上陡，因而这里的建筑也按地形特点分为上下两部分。东坡的景观以植物之景为主，建筑比较稀少。自永安寺山门之东起，一条密林山道纵贯南北，松柏浓荫蔽日，颇富山林野趣。

东岸自南向北依次有濠濮间、画舫斋、先蚕坛。濠濮间位于北海东岸小土山北端，北面邻近"画舫斋"一院，基地狭长，占地面积约6500平方米，濠濮间石坊往北走，穿过蜿蜒于山冈之中的小路，可达画舫斋。画舫斋建于1757年，是一组多进院落的建筑群，隐藏于土石山林之中，画舫斋布局紧凑，建筑精巧，雕梁画栋，是北海的园中之园。画舫斋之北，有一座碧瓦红墙的大院，便是"蚕坛"。

北岸由东往西依次为静心斋、西天梵境、九龙壁、澄观堂、阐福寺、小西天等。北海北岸新建和改建的共有六组建筑群，它们都因就于地形之宽窄，自东而西随宜展开。利用其间穿插的土山堆筑和树木配置，把这些建筑群做局部的隐蔽并且联结为一个整体的景观。因此，北岸的建筑虽多却并不显堵塞。

北海西岸原来的建筑已全毁废，加筑宫墙之后地段过于狭窄，因而未作任何建置。

②造园理法

北海先后历经辽、金、元、明、清五朝的兴建，历史悠久且重建时承袭较多。它的建筑风格受到一些江南园林的影响，但总体上仍然保持了北方园林持重端庄的特点。园内宗教色彩十分浓厚。北海作为中国古典皇家园林代表作之一，其内容涵盖了儒家园林、寺庙园林、道家园林及南方私家园林等诸多风格，其本身就是一个展现中国古典园林高深造诣的实例。

空间组织形态上呈"向心辐射"式布局，整座园林有一个核心景区，核心景区往往有一个高大的景观作为这座园林的标志物。全园其余景观或景区，呈圆形向心辐射结构，团团包围核心景区，以体现园林的中心主题。

景点多以园中园的形式来布置。北海公园中静心斋、濠濮间、画舫斋都是较有特色的园中园。各自有各自的特点和主题，并发挥不同的艺术效果，同时在总体上又有机联系。园中园以其自成一体的格局、灵活变通的形式，显示了极大的优越性，因此，在大型皇家园林里得到了普遍的运用。

在色彩上，色彩对比与色彩协调运用得好，可获得良好构图效果。北海公园的白塔为整个园林中的制高点，附属寺院建筑沿坡布置，高大的塔身选用纯白色，在色彩上与寺院建筑群体形成了强烈的对比。并且白塔的白色与远处金碧辉煌的故宫形成对比烘托，使特征更为突出，在青山、碧水、蓝天的衬托下，气势极其壮丽，在色彩构图上形成主次、明暗、浓淡对比，对比适宜，使空间环境富有节奏感。

琼华岛景区在营建初始，大量运用植物造景手法，形成了独特的生态景观。现今琼华岛的绿地面积60000平方米，乔灌木2208株，其中100年树龄以上生长良好的古树有225株，超过300年的古树有12株，其中以桧柏、侧柏、油松、白皮松数量最多、比例最大。正是这些常绿的高大乔木，构成了整个琼华岛植物景观的骨架，形成了琼华岛景观立面完美的天际线，烘托和渲染出幽幽山林的自然景象。而这些古老的苍松翠柏，更给琼华岛增添了几分沧桑，具有深邃的文化内涵。还有一部分树冠大、树形遒劲的大树，如沿岸的垂柳、立柳，点缀山体中的国槐、元宝枫、栾树等，形成丰富的季相色彩变化和特色风景。

（4）作业要求

①草测北海五龙亭的平面、立面。

②草测北海静心斋的枕峦亭平面、立面。

③草测北海延南薰及洞口处理环境平面、立面。

④草测北海静心斋水庭平面、立面并进行视线分析。

⑤草测濠濮间及其环境平面、立面图。

⑥自选北海中建筑、小品、植物、水体、假山等，速写4幅。

⑦以实测及速写为基础，总结北海的布局特色及造园手法。

3.皇城根遗址公园

（1）背景资料

皇城根遗址公园位于北京王府井商业中心区的西部，是一个条带状城市公园。公园西起北河沿大街、南河沿大街，东至东皇城根北街、东皇城根南街、晨光街，公园平均宽度为29米；南起华龙街北端，北至平安大街，全长达2600米。公园坐落在明清皇城的遗址上。

皇城根遗址公园的建设结合部分城墙遗址的挖掘，成为一个以植物绿化为主、其间以各主要路口和遗址文物为重要节点，并点缀以小型休息广场、水景、雕塑等建筑小品的城市公园。它的建设唤起人们对北京皇城的回忆，使北京古都的形象更加完整。

（2）实习目的

①了解皇城根遗址公园的总体布局和园林特色。

②学习带状绿地在空间处理、遗址保护、植物配置、文化表现等方面的处理手法。

（3）实习内容

①空间布局

皇城根遗址公园是一个带状公园，在2000多米长的长条地段上，布置了一些重要的节点，以将公园串联成一个整体。公园共安排一级节点四个——地安门东大街、五四大街、东安门、南入口；二级节点三个——中法大学、东皇城根南街、32号四合院；补充节点一个——保留的老房子（公园中唯一保留的建筑）。

地安门东大街节点：位于皇城根遗址公园的北入口。为了强调皇城遗址公园的历史文化内涵，延续文脉，复建了一段皇城墙，而且砌城墙的砖是"就地取材"的。

中法大学节点：该节点设计是一休闲广场，辟建了一处安静的疏林，中间栽种了五颜六色的花。北边林子中安排"露珠"雕塑，大大小小的不锈钢露珠散布在路边、林间，映衬出园林的时代特点。

五四大街节点：位于五四大街北大红楼的东侧，设计立意是通过雕塑来充分表现"五四"精神。广场中的雕塑"翻开历史新的一页"建成后非常具有感染力，与不远处的北大红楼、民主广场相呼应，象征着中国现代百年历史从这里开始。由于该节点位于城市的一个重要路口，这个雕塑景观已经成为公园的一个标志性景观。

四合院节点：此处遗址公园东侧有一组属东城区文物保护单位的大宅门，里边有多套四合院以及假山、绣楼等。设计上为突出遗址公园的历史内涵和文化氛围，采用借景方式给四合院配建了花园，"对弈"雕塑让人驻足良久。

跌水瀑布：位于骑河楼胡同东口往北一段，是皇城遗址公园地势高差最大的地段。在设计上利用地势高差做了跌水，长达几百米。

东安门节点：是集中体现皇城遗址遗存的关键地段，通过下沉广场，将文物部门挖掘整理的明代城门基础作为展示，西望故宫东华门，东望王府井大街，成为历史与现代的交会处。

南入口节点：设计采取下沉式广场的处理方式。在这个下沉的空间里，天然的巨石加透空的旧北京皇城地图构成一个现代雕塑，作品采用传统与现代的结合、天然与人工的结合，来创造一种特定的场所概念。

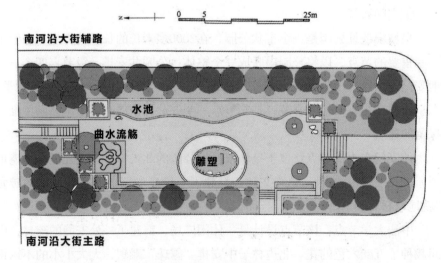

皇城根遗址公园局部平面图

②造园理法

皇城原有"御河"，现已不存。水，是场地的文脉之一，公园在建设中采用点线结合的方式，来试图隐喻这一场地的文脉特征，在公园中出现了水溪、涌泉、跌水、曲水流觞等景观，这些水景丰富了公园的内容，赋予了公园更多的历史和时代特征。

公园植物种植的主旋律是自然式种植，成丛、成群式散植，追求自然的风格。在广场上有树阵或行列栽植，方便人们在广场上活动。公园树种搭配比较简练，避免复杂，通过植物造景的手段，营造出很多环境宜人、景色优美的景观。

（4）作业要求

①简要分析皇城根遗址公园的布局特点，结合实例分析皇城根遗址公园的植物造景手法。

②实测地安门东大街节点、五四大街节点平面图和水系断面图。

4.元大都城垣遗址公园

（1）背景资料

元大都的建成，是中国城市建设史上的里程碑，它是我国封建社会按照整体规划平地建造起的一座都城，也是13—14世纪里，世界上最宏伟、壮丽的城市之一。元大都土城充分体现了我国古代都城的设计思想。

元大都城垣遗址公园是北京市市级文物保护单位。土城及其两侧的绿地，在城市规划中为城市带状绿地。中华人民共和国成立以来，在土城上种植了大量树木，保护了土城土体完整。2003年对城垣遗址公园环境进行重新规划、整治，使这里的环境有了全面的提高，土城遗址也得以更好地保护。

（2）实习目的

①了解元大都城垣遗址公园的总体布局和园林特色。

②了解滨水景观中植物的运用。

③体会运用传统语言在现代园林中进行创作的手法。

（3）实习内容

①空间布局

元大都城垣遗址公园，坐落于北京市的海淀区与朝阳区交界处，是一座以元大都城垣遗址为基础而精心打造的开放式公园。元大都城垣遗址公园就是在这段土城遗址上建造起来的，总体呈L型，分为海淀段和朝阳段。公园南起海淀区学院南路明光桥附近，向北到学知桥南，折向东沿着地铁10号线直到京藏高速，继续向东进入朝阳区，最终到达京承高速附近的芍药居。全长约9公里。小月河是公园的主体水景，小月河上修建了五个木质游船码头和六座形态各异的跨河小桥，使两岸不同风格的美景相互连接，巧妙融合，创下了四个北京之最和一项全国第一：最大的城市带状公园、最大的室外组雕、最大的人工湿地、最先完成北京市应急避难场所建设的试点公园，全国第一个进行应急避难场所建设和挂"应急避难场所"标志牌的城市。它为北京市创造了一个"以人为本、以绿为体、以水为线、以史为魂、平灾结合"的经典园林，是国家4A级旅游景区。

海淀段：海淀段呈独特的"L"形布局。它从西土城路南端开始，向北沿西土城路延伸至学院路南口，随后优雅地转向东，一直延伸至京藏高速公路。这段城墙遗址巧妙地位于西土城路中央，形成东、西两条平行道路的独特景观。自学院路南口向东折后，它北至北土城西路，南至健安西路，全长4.2公里，总面积达到48万平方米。以元土城遗址、土城沟水系和沿线绿化带为三条主线，将十个景区"城垣怀古、蓟门烟树、铁骑雄风、蓟草芬菲、银波得月、紫薇入画、大都建典、水关新意、鞍缰盛世、燕云牧歌"连成一体。

朝阳段：朝阳段则呈一气呵成的"一"字形布局，它紧邻北京的中轴线，横亘在奥林匹克体育中心与中华民族园的南部。西起京藏高速公路，东至太阳宫乡的京承高速公路芍药居桥西南角，北邻北土城西路与北土城东路，南接健安西路与健安东路。朝阳段全长4.8公里，宽达130米至160米，总面积67万平方米。这一段城墙遗址被六条城市道路巧妙地划分为七个地块，每个地块都孕育出独特的风景线：双都巡幸、四海宾朋、海棠花溪、安靖生辉、大都鼎盛、水街华灯、龙泽鱼跃。

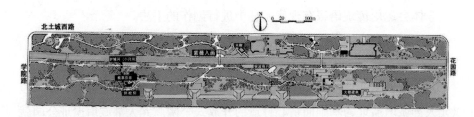

元大都城垣遗址公园平面图

②造园理法

元大都城垣遗址公园通过改造护城河，创造了亲水环境。据史料记载当时的护城河宽窄不一、深浅不一，新中国成立后被改为钢筋混凝土驳岸，并被作为城市的排污河，完全失去了自然感。公园建设中结合截污工程，尽量恢复原有的野趣及亲水的感觉。

元大都城垣遗址公园中强调植物景观的季相变化，意图通过植物改善城市密集区的生态环境。城垣公园是城市的绿化隔离带，是一条绿色的屏障，同时作为城市的开放空间，是这一区域重要的城市流动性景观空间。在公园中设计安排了许多以植物为主的景观，这些植物景观利用带状绿地的优势，形成色彩变化的街景，创造了良好的城市生态环境，同时这些植物景观又具有一定的文化内涵，赋予公园更多的文化品位。

（4）作业要求

①以元大都城垣遗址公园为例，分析并总结元大都城垣遗址公园滨水景观的设计手法及工程处理手段。

②实测"水关新意""蓟草芬菲"景区平面图。

5.北京奥林匹克公园

（1）背景资料

北京奥林匹克公园位于北京市朝阳区，地处北京城中轴线北端，北至清河南岸，南至北土城路，东至安立路和北辰东路，西至林萃路和北辰西路，总占地面积11.59平方千米，集中体现了"科技、绿色、人文"三大理念，是融合了办公、商业、酒店、文化、体育、会议、居住多种功能的新型城市区域。

2008年奥运会比赛期间，有鸟巢、水立方、国家体育馆、国家会议中心击剑馆、奥体中心体育场、奥体中心体育馆、英东游泳馆、奥林匹克公园射箭场、奥林匹克公园网球场、奥林匹克公园曲棍球场等10个奥运会竞赛场馆。此外，还包括奥运主新闻中心（MPC）、国际广播中心（IBC）、奥林匹克接待中心、奥运村（残奥村）等在内的7个非竞赛场馆，是包含体育赛事、会展中心、科教文化、休闲购物等多种功能在内的综合性市民公共活动中心。2017年12月4日起，北京奥林匹克公园试行实名制入园。

2022年冬奥会北京颁奖广场设在北京奥林匹克公园内，连续14天、为52个项目的冬奥健儿颁发奖牌。2月24日，奥林匹克公园"换装"迎接北京冬残奥会。2022年4月6日，北京奥林匹克公园中心区向公众开放。

（2）实习目的

①了解北京奥林匹克公园整体空间布局、轴线关系及主要节点。

②参观学习北京奥林匹克森林公园、下沉花园等绿地，鸟巢、水立方、国家体育馆等建筑。

③学习奥林匹克森林公园中的山水理法以及生态智能技术。

（3）实习内容

①空间布局

北京奥林匹克公园分为三部分：北部是6.8平方千米的奥林匹克森林公园，中部是3.15平方千米的中心区，南部是1.64平方千米的已建成和预留区（奥体中心）。奥林匹克公园围绕贯穿整个园区的中轴线设计了不同的景观，设计了三条轴线——中轴线、西侧的树阵和东侧的龙形水系。在龙形水系和中轴线之间设置了三段不同的空间（庆典广场、下沉花园、休闲广场），水系两岸也分别配套进行了景观设计。在园区之中设置了一个标志性景观塔——玲珑塔，赛时为媒体提供演播室、电视转播等服务。此外，园区中已有的历史遗存，包括北顶娘娘庙等古迹在内，也放在了景观设计的考虑范围之内。

西侧的树阵景观带宽100米，长2.4千米，南起四环路北侧，北至科荟路，中间在国家游泳中心和国家体育馆东侧断开以形成广场。树阵中的树木间隔为6米，矩阵排列，树种以北京本地物种为主，树下则从南部的硬质透水砖变成中部的规则绿篱，最终变为北部的自由绿化，逐渐融入森林之中。

东侧的龙形水系总长约2.7千米，宽度20至125米，总面积16.5公顷，南起鸟巢南侧，北至森林公园奥海。西岸的湖边西路为非机动车道，在下沉花园旁设置了亲水平台，并辅以台阶、平台、座椅等设施。东岸则设置了带状绿地，西侧植被种植较矮较稀疏，东侧较高较密，这样一来既利于从东岸向西观赏中心区，也使得中心区向东望去的景色富有层次感。

三段空间中，南段的庆典广场与中轴广场相连，为周边的国家体育场、游泳中心、体育馆提供赛时和赛后大型活动人流集散和室外活动举办的空间，南北两侧设置了喷水池。中段的下沉花园结合周边的地铁站和20多万平方米的地下商业设施进行设计，以"开放的紫禁城"为主题设置了7个院落，自南到北依次排开，分别采用不同的设计，体现出不同的中国传统文化元素。而北段的休闲花园则自然种植了植被，作为中心区逐渐过渡到森林的缓冲地带，植被中间留有空地以便活动。

②造园理法

北京奥林匹克公园以生态的思想和生物多样性的原则为设计的首要原则，考虑自然植被信息和乡土树种的综合特性，以及北京的主要乡土动物物种对植物种类及栖息地的依存关系。坚持以北京的乡土树种为公园的骨干和基调树种。合理进行乔、灌、草的搭配，常绿树种和落叶树种的搭配，针叶树种和阔叶树种的搭配，并建立多种多样的景观、群落类型。公园整体地形较为平坦，以"通向自然的轴线"进行山形水系的整体塑造；最大限度地保持和利用现有湖渠、微地形起伏等现状地形条件。以林地为主，其中，树木较密集的林地约340公顷，较为稀疏的林地约65公顷，国家领导人栽种的纪念林4片。群落设计生态思想为运用适当的乡土植物，模拟自然植被群落层次结构，创造出近乎天然，与"通往自然的轴线"理念相吻合的公园植物景观。

奥林匹克森林公园采用了叠山理水的设计方法，这是中国传统园林典型的设计手法，遵循"绿色奥运"的理念，近自然林系统成为植物种源库，全园树木53万余株，其中乔木100余种、灌木80余种、地被102种；全园林木年产氧5208吨，年吸收二氧化碳32吨，年树木滞尘4731吨，是名副其实的"北京绿肺"。奥林匹克森林公园也是展示中国环保理念的平台。它采用了中水净化、近自然林系统、废物资源循环利用、节能建筑等多项生态技术。仅以水资源的利用为例，就有5种环保技术：中水净化、雨水收集、污水利用、智能化灌溉和生态防渗。

（4）作业要求

①分析北京奥林匹克公园的立意与整体布局的关系。

②分析奥林匹克公园中下沉广场的竖向空间处理方法。

③绘制3处奥林匹克公园中的植物组团效果图，并分析其植物配植方法及特点。

6.北京植物园

（1）背景资料

北京植物园建成于1956年，位于香山脚下，其地形三面是山，一面朝向平原，规划总面积约600公顷，包括各种专类园、树木园、温室以及自然山地游览区域、古迹游览区域等。现在开放游览区域的面积大约228.6公顷。北京植物园中，聚集了226科、1511属、10550种植物（含亚种、变种型和品种）。

北京植物园的建设汇集了多位设计人的成果，所有的设计都对场地精心勘察和对空间尺度悉心推敲，每一个设计作品都受到当时社会经济条件和文化发展的影响，体现了当时的设计特点。由于植物园的特点，很多园区在形成了主要的基础环境之后，还在不断地进行引种和植物的调整，尤其是树木园，受到土地的限制和引种的影响，至今还有一些展区尚未建成，梅园也尚未完全建设。

（2）实习目的

①了解植物园规划设计的特殊性，掌握植物园规划设计的特点。

②学习植物园规划设计中利用植物营造景观的手段与技法。

（3）实习内容

①空间布局

北京植物园的总体规划中，以满足基本功能为核心，分区中的游览区主要分为文物古迹游览区、植物展览区、樱桃沟植物乡土实验保护区，除游览区以外，还有科研实验区、行政后勤区以及乡土植物收集与展示区。

植物游览区由专类园、温室花卉和盆景园、树木园三部分组成。专类园是由宿根花卉园和木兰园、海棠枸子园、丁香碧桃园、牡丹芍药园、月季园和竹园组成。

文物古迹区中包括卧佛寺景区、樱桃沟、黄叶村（曹雪芹纪念馆）和名人墓园。卧佛寺始建于唐贞观年间，原名兜率寺，经过了元、明、清历代帝王的扩建和修缮，自清朝乾隆年间形成了现在的规模，又名十方普觉寺、黄叶寺等。因寺内有元代的铜铸卧佛而得名卧佛寺，是国家一级保护文物。因周围自然风景优美，历来是京郊游览胜地。樱桃沟的历史可追溯到金章宗年间，沟内气候冬暖夏凉，空气湿润，泉水淙淙，动植物物种较为丰富，野趣横生。明代樱桃沟谷中还有很多寺观，如隆教寺、圆通寺、普济寺、五华观、广泉寺、太和庵、广慧庵等。明灭亡后，樱桃沟寺毁香断，至清朝及民国曾先后为孙承泽及周肇祥所使用，因此也有退谷和周家花园之称。

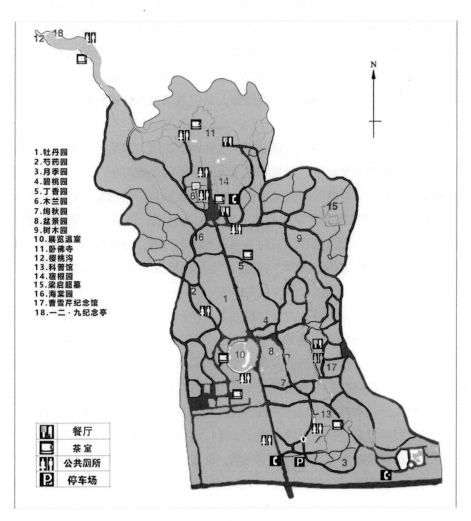

1. 牡丹园
2. 芍药园
3. 月季园
4. 碧桃园
5. 丁香园
6. 木兰园
7. 绚秋园
8. 盆景园
9. 树木园
10. 展览温室
11. 卧佛寺
12. 樱桃沟
13. 科普馆
14. 宿根园
15. 梁启超墓
16. 海棠园
17. 曹雪芹纪念馆
18. 一二·九纪念亭

餐厅
茶室
公共厕所
停车场

北京植物园平面图

②造园理法

宿根花卉园的中心放置一组硅化木盆景，使这种规则的布局带有中国传统园林的特征。两侧的植物配置逐渐向自然过渡，宿根花卉园收集了百余种

·157·

宿根花卉。木兰园位于卧佛寺前，因此采用了规则式总体布局，园路十字对称。其中木兰园中心是一长方形水池，水池四个角隅草坪上各植一株青扦云杉，收集了木兰14种。海棠枸子园位于卧佛寺前中轴路西侧，牡丹园北侧，面积2.2公顷。1992年开始建设，主要展示海棠的品种和枸子属的植物。丁香碧桃园位于中轴路东侧。牡丹芍药园位于卧佛寺路西侧，南邻温室区，北接海棠枸子园，与丁香碧桃园隔路相望。月季园在设计上采用了规则与自然相结合的手法，轴线折点上设主雕塑"花魂"。沉床花园设计以疏林草地为基调背景。竹园位于卧佛寺行宫院西侧，是以栽培展示竹亚科植物为主的专类园。

温室花卉和盆景园中，新建温室，包括四季花园、凤梨和兰室、沙生植物、热带雨林等几个展区。盆景园建筑具有浓厚的民族特色。同时，室外展区将盆景展览和室外庭院布置结合在一起，形成别具一格的花园展区。树木园是植物园按照植物分类系统收集布置植物的区域，能够较为系统地展示植物的科属关系。北京植物园的树木园占地约49公顷，分为椴树杨柳区、槭树蔷薇区、银杏松柏区、木兰小檗区、泡桐白蜡区、悬铃木麻栎区等六个区域。

卧佛寺建筑布局规整，主要包括佛殿僧房和行宫等几部分。寺内古树参天，尤其古七叶树为北京寺庙中所罕见，天王殿前的古蜡梅在早春开花时，香气可直达山门。行宫等部分，有着浓厚的园林色彩。樱桃沟以北的用地将作为北京乡土植物保护与展览等功能使用，继续保持其自然、野趣的环境特色：山桃夹道、水杉蔚然成林。流水恢复后，自然生长了一些耐水湿的草本植物，也展示了一些新的引种植物。黄叶村将古井、碉楼、河墙等遗迹组织在一起，很好地融合了现有的周围环境，使曹雪芹纪念馆更为完整地诠释了它的背景。曹雪芹纪念馆不再是一个孤立的小院，而是一组村庄的角落，通过石刻诗句，保留村庄的建筑、树木，增设菜圃、酒馆等手段，使人们从外部环境中就感受到曹雪芹的生活空间。

（4）作业要求

①以北京植物园为例，分析总结植物园规划设计的特点。

②草测月季园、盆景园局部。

③草测植物园植物配置局部2—3处。

7.北京园博园

（1）背景资料

北京园博园是第九届中国国际园林博览会的举办地，位于北京市丰台区永定河西岸，北至莲石西路，南到梅市口路西延，西至北宫路，西南接园博大道，展区占地267公顷，园博湖占地246公顷，总占地513公顷，是一个集园林艺术、文化景观、生态休闲、科普教育于一体的大型公益性城市公园。

2009年8月，经北京市委、市政府同意，市园林绿化局和丰台区政府代表北京市开始申办第九届园博会。2021年9月7日成立了组织架构，审议通过了第九届园博会园博园规划设计方案及筹建总体方案、邀展工作方案。2011年3月，永定河生态文化新区规划展示中心、主展馆、永定塔、中国园林博物馆等园博园标志性建筑相继进入开工建设阶段。2013年5月18日，北京园博会在永定河西岸隆重开幕，11月18日，北京园博会闭幕。会期期间，北京园博会共接待游客610万余人次，日均接待3.3万余人次，单日最高游客接待量10.6万人次。

（2）实习目的

①了解北京园博园园区空间布局。

②学习不同地区展园中地域特色文化在展园设计中的表达方法。

（3）实习内容

①空间布局

北京园博园园区布局为"一轴、两点、五园"，"一轴"即园博轴，是贯穿主展区的景观轴线。"两点"即永定塔和锦绣谷。永定塔为辽金风格的仿古塔，高69.7米，是园博园的标志性建筑；锦绣谷是将一个20多公顷的建筑垃圾填埋坑打造成了花团锦簇的下沉式花谷。"五园"即传统展园、现代展园、创意展园、国际展园和湿地展园，共有展园69个。

北京园博园主展馆是园区规模最大的建筑，主展馆又被称为"月季"，因为从空中俯瞰它像是一朵盛放的月季花，同时它又像一个"9"，正好契合了第九届北京园博会。永定塔名字出自永定河，鹰山之上建造永定塔，有永定安澜之意。永定塔是园博会三大标志性建筑之一，塔身高度69.7米，是北京西南地区最高的辽金风格仿古高塔。锦绣谷选址区域曾经是永定河河道的一部分，锦绣谷治理前为建筑垃圾填埋面积达140公顷的大沙坑，锦绣谷项目充分利用原有地形，在设计建设中，其20米高差被调整为逐层下落的台地形式，并利用这些台地布置展园，打造成了花团锦簇的下沉式花谷。园博湖占地246公顷，其中水面115公顷，是北京园博园的重要组成部分，分为主景区、南景区、北景区3大景区。中国园林博物馆是中国第一座以园林为主题的国家级博物馆，位于北京市丰台区鹰山脚下，永定河畔。自2010年开始筹建，于2013年5月开馆运行。占地6.5万平方米，建筑面积49950平方米，由主体建筑、室内展园与室外展区三部分组成。

②造园理法

园博园的设计思想是创造丰富多彩的、异彩纷呈的结合体。就像整体的园博园的构建一样，每个园区保留自己独特的韵味和设计感。如湘潭园，是为数不多的设计思想和园林营造极为贴合的佳作，传统与现代的结合，传统的亭子和构筑物的打造，加上现代的设计和材料铺装使整个园子熠熠生辉。济南园中规中矩，是几个仿古园中的佳作之一，植物配置和建筑以及构筑物独具匠心。植物琳琅满目，乔木、灌木、地被构成高低错落的植被群落，凸显了济南园对植物设计的侧重。建筑一板一眼，展现了传统泉城的特色，疏朗、简洁的四合院，水景构筑物和连廊是熠熠生辉的集中体现。

（4）作业要求

选择园博园中印象最为深刻的地方展园，试分析其如何通过布局来体现其园林立意。

8.承德避暑山庄

（1）背景资料

避暑山庄坐落于承德市中心以北，武烈河西岸一带的狭长谷地上，占地面积564公顷。"避暑山庄"又名承德离宫，或称热河行宫，是清帝夏日避暑和处理政务的场所，有第二政治中心之称。中华人民共和国成立后，经过不断维修，避暑山庄已成为中外著名的旅游胜地。它始建于1703年，历经清朝三代皇帝：康熙、雍正、乾隆，耗时87年建成，形成了不同时期的不同风格。康熙时期主要艺术构思在于突出自然山水之美，循自然景观修筑建筑，不施彩画，以淳朴素雅格调为主。乾隆时期逐渐改变了原来的风格，亦步亦趋于汉唐建筑宫苑，以豪华而错落有致、布局新颖而富有变化的建筑群见胜。

（2）实习目的

①了解园主建庄的目的和志向。

②学习其相地有术的优点。

③在总体设计方面主要掌握其分区、理水的手法，包括水源利用、进出水口和利用各种水体造景的做法。

④专项设计方面要求掌握其正宫布置的特征，并与紫禁城、圆明园、颐和园作比较。以湖区为例认识集锦式布局手法的特征、水面空间划分的变化、人工土山的运用和建筑布置的各种变化，并追溯盛期植物布置的特色和具体做法。

⑤以山区景点为踏查重点，从遗址追溯当初在因山构室手法方面的成就。外八庙则着重在相地选址、如何避开山洪和组织内部排水，并根据地形地势布置建筑、山石和植物等方面。

（3）实习内容

①空间布局

避暑山庄的总体布局按"前宫后苑"的规制布置，宫殿区设在南面，其后即为广大的苑林区。苑林区又分湖泊区、平原区、山峦区三大部分，三者呈鼎足而三的布列。

宫殿区位于山庄南部，湖泊南岸的一块地形平坦的高地上，是皇帝处理朝政、举行庆典和生活起居的地方，宫殿区占地约10万平方米，包括三组平行的院落建筑群：正宫、松鹤斋、东宫。

湖泊区在宫殿区的北面，是人工开凿的湖泊及其岛堤和沿岸地带，面积大约43公顷。有十个岛屿将湖面分割成大小不同的区域，层次分明，洲岛错落，碧波荡漾，富有江南鱼米之乡的特色。东北角有清泉，即著名的热河泉。整个湖泊可以视为以洲、岛、桥、堤划分成若干水域的一个大水面，这是清代皇家园林中常见的理水方式。湖中共有大小岛屿十个，最大的如意洲4公顷，最小的仅0.4公顷。大岛有：文园岛、清舒山馆岛、月色江声岛、如意洲、文津岛；小岛有戒得堂岛、金山岛、青莲岛、环碧岛、临芳墅岛，洲岛之间由桥堤相连。

平原景区，南临湖、东界园墙、西北依山，呈狭长三角形，占地53公顷。平原景区的地势开阔，位于热河泉北，有春好轩、嘉树轩、永佑寺等9

组建筑，是赏花纳凉的地方。平原区建筑物很少，大体上沿山麓布置以便显示平原之开旷。

山峦区在山庄的西北部，面积422公顷，占避暑山庄总面积的五分之四。这个景区正以其浑厚优美的山形而成为绝好的观赏对象，又具有可游、可居的特点。

②造园理法

避暑山庄的水系规划充分发挥水的造景作用，以溪流、瀑布、平池、湖沼等多种形式来表现水的动态和静态的特点，不仅观水形而且听水音。因水成景乃是避暑山庄园林景观最精彩的一部分。

山庄真山雄踞，无须大兴筑山之师。但借挖湖之土可用以组织局部空间，协调景点间的关系以弥补天然之不足。

避暑山庄突出天然风致、绿化比重大。植物配置方面，避暑山庄山区以松柏为主、湖区以柳为主、水面多栽植荷花。松柏四季常青，在常绿树种中色彩比较凝重。大片成林，适合于作山区景观的色彩基调。湖区植物以柳树为主，柳树近水易于生长，姿态婀娜，最能体现江南水乡的婉约多姿。平原景区的植物配置是将园林造景和建园的政治意图结合起来考虑的。

山庄的风景特色还体现在依山傍溪的山居建筑处理上。山庄取山居实为上乘，这是"以人为之美入天然"的中国传统山水园最宜于发挥的地方。山区的风景点大多在乾隆时兴建。

（4）作业要求

①云山胜地庭院1：200平面图及云梯速写。

②沿湖区西、北岸及山区亭子如何结合环境而外形、体量各异。试草测七个亭的1：100平立面图并附简单文字说明。

③草测沧浪屿四个门1：100的立面图。

④草测水心榭1：100平立面，并追溯盛期之鸟瞰图。

⑤结合踏查的感性知识临摹秀起堂之鸟瞰图。

⑥实习报告，着重分析避暑山庄在总体设计方面分区、理水的手法，集锦式布局手法的特征，水面空间划分的变化，人工土山的运用和建筑布置的各种变化，植物布置的特点和具体做法以及因山构室手法方面的传统成就。

⑦普陀宗乘之庙鸟瞰速写，外八庙内景物速写。

北

0 100 300m

1 丽正门	15 莘香沜	29 澄观斋	43 宜照斋
2 正宫	16 香远益清	30 北枕双峰	44 创得斋
3 松鹤斋	17 金山亭	31 青枫绿屿	45 秀起堂
4 德汇门	18 花神庙	32 南山积雪	46 食蔗居
5 东宫	19 月色江声	33 云容水态	47 有真意轩
6 万壑松风	20 清舒山馆	34 清溪远流	48 碧峰寺
7 芝径云堤	21 戒得堂	35 水月庵	49 锤峰落照
8 如意洲	22 文园狮子林	36 斗老阁	50 松鹤清越
9 烟雨楼	23 殊源寺	37 山近轩	51 梨花伴月
10 临芳墅	24 远近泉声	38 广元宫	52 观瀑亭
11 水流云在	25 千尺雪	39 敞晴斋	53 四面云山
12 濠濮间想	26 文津阁	40 含青斋	
13 莺啭乔木	27 蒙古包	41 碧静堂	
14 莆田丛樾	28 永佑寺	42 玉岑精舍	

承德避暑山庄平面图

9.沈阳北陵公园

（1）背景资料

沈阳北陵公园位于辽宁省沈阳市皇姑区泰山路12号，又名沈阳昭陵，占地450万平方米。1643年（清崇德八年）清太宗皇太极和孝端文皇后博尔济吉特氏的陵墓昭陵建成。

北陵公园于1927年5月被奉天市政公所辟为公园对外开放，1963年被列为辽宁省重点文物保护单位，1982年被列为国家重点文物保护单位，2004年列入世界文化遗产名录，2006年被国家建设部授予中国人居环境范例奖，2007年被评为国家重点公园。2009年又荣获国家4A级旅游景区。

（2）实习目的

①学习陵园的空间布局手法。

②学习陵园中植物品种的选择及配置方法。

（3）实习内容

①空间布局

昭陵建筑布局严格遵循"中轴线"及"前朝后寝"等陵寝规制，陵寝主体建筑全部建在南北中轴线上，其他附属建筑则均衡地安排在它的两侧。这样的设计思想主要是体现皇权至高无上，同时，达到使建筑群稳重、平衡及统一等美学效应。相应公园规划也是中轴线思想。

北陵公园总体布局以清昭陵陵寝为中心，分为陵寝、陵前和陵后三部分。陵寝占地面积16公顷，建筑布局具仿明陵而又具有满族特点。在陵寝西侧百米建有安葬太宗众妃的贵妃园寝，懿靖大贵妃、康惠淑妃等11位后宫佳丽葬于此间。陵前自正门里沿主干道东西两侧有荷花岛、百花园、友谊园、芳秀园、柳堤、眺望水榭等园林景观，其中占地面积约3公顷的芳秀园为园中精品。陵后是漫漫数里的古松林区，松龄大多超过300年，是目前国内现存最主要的古松群落之一。

②造园理法

北陵公园有中心轴线，各种规划要素基本以对称、局部对称布置，并且轴线相交处是节点空间。分析得出该遗址公园呈"一心两轴多中心"的规划结构，体现出庄严、雄伟、肃静、整齐、人工美的特点。

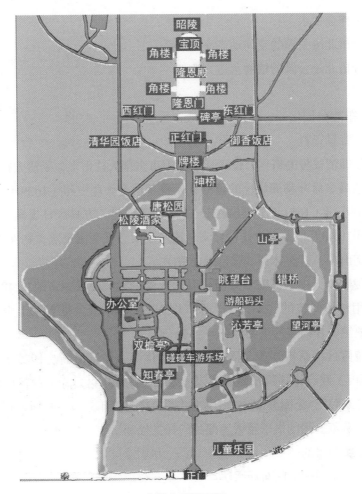

北陵公园平面图

北陵公园在植物种类选择上以乡土植物为主，兼顾外来植物品种的引种和培育，为城市公园植物品种选择提供有效依据。北陵公园内乔木、灌木、藤本植物品种比为24：11：1，公园内乔木类植物物种丰富。

北陵公园的道路系统由南北主干道、环路、陵后防火道和小园路组成。其中南北主干道是进入陵道的主要游览路线，也是体现文物保护的重要组成部分。全园环境系统包括南环和北环。其中北环路和陵后的防火通道以防火功能为主，兼顾游览功能，公园南环路以游览为主，不仅完善了环路系统，而且可以兼顾友谊宾馆七号门与泰山路之间的临时通道。

（4）作业要求

①分析北陵公园的空间动态序列关系。

②分析北陵公园的植物营造方法。

10.东陵公园

（1）背景资料

东陵即清福陵的俗称，位于辽宁沈阳市东部天柱山上，是清太祖努尔哈赤和孝慈高皇后叶赫那拉氏的陵墓，始建于后金天聪三年（1629年），竣工于清顺治八年（1651年），经康熙、乾隆两帝增建，方具今日规模。清福陵占地面积19.48万平方米，是世界文化遗产、第三批全国重点文物保护单位，园内水绕山环，草深林密，景色十分清幽。

福陵后倚天柱山，前临浑河，万松耸翠、大殿凌云，占地19.48万平方米。利用地形修筑的"一百零八蹬"（108级台阶），象征着三十六天罡和七十二地煞，是福陵的重要标志。

东陵陵区内植被丰茂，周边山林风景优美，空气清新。1929年，奉天（今沈阳市）政府将福陵开辟成公园。因位于沈阳市区之东，故民间称"福陵"为"东陵"，公园亦称为"东陵公园"，经过近年来改造升级，现已成为人们观光游览、休闲娱乐及锻炼健身的好去处。

（2）实习目的

①学习陵园的空间布局手法。

②学习陵园中植物品种的选择及配置方法。

（3）实习内容

①空间布局

东陵公园是一座极具纪念意义的古典型陵墓园林，后倚天柱山，前临浑河，平面布局严谨有序，以中间的神道为中轴线两边对称，地势由南向北逐渐升高。陵寝建筑规制完备，礼制设施齐全，建筑规模宏大，陵寝建筑群保存较为完整。

园区在功能上分为入口公共景观区、生态休闲娱乐区、森林休闲区。入口公共景观区原址为一片苗圃地，改造主要以塑造人造景观为主，形成大的视觉冲击。生态休闲娱乐区在原"民俗风光园"的位置，是整个山林公园中

"动"的区域，改造利用原有的水域设计了水上娱乐区，设置了娱乐桥、游船等水上休闲项目，重新修饰原有的景观阁。在植物景观上尊重原有植被，大量栽植山桃、山杏、杏梅等春花品种，利用地形塑造桃花沟、杏花村等山林景观。利用植物景观将报恩寺与区域隔离起来，形成一个相对安静的寺庙园林景观。在现有延寿泉开辟一块小的休闲空间，供游人品茗赏松之用。森林休闲区营造出包括森林浴场、森林氧吧、林下宿营、森林步行街、栈桥听涛和龙尾休闲等特色景区。

东陵公园平面图

②造园理法

东陵公园是一座皇家陵园，要求对其进行植物配置时更突出宏伟、庄重、严肃等气氛。

从整体看，大红门外区植物配置以线性为主，从广场口到石狮的通道两侧采用以油松为主的规则性种植，体现了皇家园林整齐、肃穆的艺术效果。沿广场向红门行进过程中，植物构成和形态变化小，气氛较为统一。神道区以古树油松为主，杂植榆叶梅、杨树、黄檗、丁香、大叶朴、山楂、皂角、桑等乔灌木，组成了季相丰富的针阔混交林。广场区域空间较大，植物栽植层次不够明显，给游客造成空旷的感觉。建议采用双层次或多层次植物配置模式，增加植物种类。在游客通道两侧，行植的油松间增加如银杏、五角枫等行道树，在秋季与油松形成赏叶的植物景观。在行道树外补植爬地柏、砂地柏或连翘、珍珠梅等灌木作为绿篱，起到划分空间的作用。方城和宝城区是东陵公园的"心脏"区域，选择榆树作为主要树种，既以榆树的寿命长久象征皇帝万寿无疆，又打破了油松在陵园中占据主导地位的格局，消除游客的审美疲劳。同时与油松交替种植，保持了陵园古朴、庄严、凝重的氛围。

（4）作业要求

①分析东陵公园的空间动态序列关系。

②结合实际植物组团，分析东陵公园的植物营造方法。

11.沈阳世博园

（1）背景资料

沈阳市植物园（沈阳世博园），位于辽宁省沈阳市浑南区，又称沈阳世博园、沈阳世界园艺博览园，是集绿色生态观赏、精品园林艺术、人文景观建筑、科研科普教育、娱乐休闲活动于一体的多功能综合性旅游景区。始建于1959年2月，1993年正式对外开放。占地面积211公顷。

沈阳市植物园是2006中国沈阳世界园艺博览会的会址，被誉为"森林中的世博园"，先后被评为"辽宁省五十大佳景""沈阳市十五大旅游景观"和"沈阳市十大科普教育基地"等称号，2004年荣获国家首批5A级旅游景区称号。

（2）实习目的

①了解沈阳世博园园区空间布局。

②学习不同地区展园中地域特色文化在展园设计中的表达方法。

（3）实习内容

①空间布局

园区设有53个国内展园、23个国际展园和24个特色展园。植物园以百合塔、凤凰广场、玫瑰园为标志性主题建筑，荟萃了世界五大洲及国内重点城市的园林和建筑精品，共有100个展园分布于南北两区。

在世博园的建设中，主要分为两大板块，即园艺观赏区和休闲娱乐区，具体由四部分组成：一是园艺展示，这是整个世博会的主体和核心。在建设内容中包括园区主入口广场、两个室外园区、两个室内展馆、二十个专题园、特色花街和绿谷。二是休闲娱乐，即在植物园东侧拓展区内建设休闲娱乐区，用花草树木打造休闲娱乐区的环境，使园林艺术与休闲娱乐有机结合，体现另一种类型的园林风格。三是综合服务。将与园林建筑融为有机整体，建设内容包括旅客接待中心、大型停车场、旅游纪念品商店、花卉交易中心、美食街、咖啡厅和酒吧等。四是展会活动。将通过举办各类丰富多彩的活动吸引国内外游客，包括庆典活动、馆日活动、文艺演出、展示交易、学术交流、竞赛评奖和休闲娱乐活动等。

②造园理法

世博园将各类展园、建筑、附属设施完美地融入自然景观之中。基地内自然地貌起伏变化较大，沿轴线方向地势相差近10米，利于在入口区营造出恢宏的气势。在园区的规划设计中，设计者力求将现代建筑与自然景观相互协调，将人文特色与现代科技相结合，营造一个五彩缤纷的、自然和谐的世界园艺博览盛会。入口外广场的花卉景观将大面积的地景艺术与停车空间融为一体，亦生态，亦景观。远山是花带的背景，花带又是建筑的背景，层层渲染，生发无限意境。背景花带用地面积达36公顷，用花量达244万株，创造了历届世界园艺博览会之最。大面积、大色块的花卉景观使整个广场气势磅礴，具有极强的视觉冲击力。在大自然绿色背景的掩映下，入口广场上矗立着名为"凤之翼"的钢结构主题建筑，诠释了制造业之都的精湛工艺与开放、厚重、腾飞的城市内涵。迎宾广场花醉人，落水叮咚，40米长的迎宾大道由鲜花、绿树和音乐喷泉构成，与自然的地形、地貌、植物群落及花卉景观完美融合。设计独特的木质花架与点缀其间的各色花卉巧妙结合，形成了洋溢着民族文化气息、花香弥漫的工艺长廊。

环保生态科技园位于园区的东南角，占地面积约15000平方米，包括污水生态处理展区、太阳能利用展区、风能利用展区三个部分，最大限度地体现了污水生态净化和绿色能源使用两项主题。环保生态科技园内的污水生态处理过程主要表现为北方型的人工湿地，采用地埋式污水预处理技术，后接人工湿地深度处理的组合工艺。湿地中栽植芦苇、类白、香蒲、慈菇等抗污染的水生、湿生植物，加上铺设了太阳能板的水处理站和借助地形修建的风车林，环保生态科技园内流水潺潺，荷叶翻飞，俨然世外桃源一般。

（4）作业要求

①选择沈阳世博园中印象最为深刻的地方展园，试分析其如何通过布局来体现其园林立意。

②选择3处沈阳世博园中乔灌草植物组团，并分析其植物配置手法。

12.长春北湖湿地公园

（1）背景资料

长春北湖国家湿地公园又称长东北城市生态湿地公园，位于长春高新区长东北核心区西南部，地处伊通河下游，是国家长吉图发展战略规划核心区。北湖湿地公园整体占地面积11.97平方千米，于2010年开工建设，2012年7月正式对游客开放，2014年5月被评定为国家4A级旅游景区。

（2）实习目的

①了解长春北湖国家湿地公园的整体布局及功能分区。

②学习湿地作用及湿地资源保护相关知识。

③了解湿地公园主要植被类型。

（3）实习内容

①空间布局

长春北湖国家湿地公园总体规划为"两翼、六区、十八景"。以北湖大桥为中轴，北翼为"柳堤荷影·诗意北湖"，风情度假区、诗韵休闲区、水乡文化区坐落于此；南翼为"水秀湖湾·生态南岛"，碧波生态区、湖畔商业区、乐享艺展区规划其中。依势而建、各具特色的十八景、十八桥、十八亭错落于南北两翼。

长春北湖国家湿地公园特色景区如下：

北国艺风——都市活力区，北城艺风桥南景区紧邻开发区核心，为城市绿廊。

柳堤·枫岛·桦塘——特色植物景观区，浓厚的传统文化韵味，春季绿柳桃花，秋季枫林、桦林绚烂多彩，展现独特的北方植物景观特色，成为柳、枫、桦的植物展示园。

花影浮碧——湿地游览区，保留原生池塘和丰富的水生植被，适当补充、丰富植物品种，创造以湿地植物为特色的游览区。

水上邻里——度假休闲区，湖岛环抱，是自然幽雅的国宾馆区；坐落于"水上邻里"景区中的瞭望阁，占地面积140平方米，建筑面积367平方米，阁顶高度为20.88米，加上宝顶总高度达24.18米，瞭望阁为八角四层三檐仿宋风格的钢筋混凝土仿木建筑。

湖漾春晓——运动康体区，保护自然的岸线形态和以柳树为主的原生树木，塑造以春景为主的活动空间，为市民创造开阔、清新的户外活动区。

长岛碧波——湖岛风光游览区，在满足水利功能的基础上，创造宏阔、优美的湖景风光，利用独特的地理位置优势设计湿地博物馆，作为公园地标性建筑。

北湖天地——创意休闲区，将水体引入街区，创造变化丰富的水街建筑环境空间，营造丰富多彩的文化创意、休闲娱乐环境。

芦荡飞雪——传统民俗体验区，利用现有村落进行改造和更新，沟通现有池塘形成蜿蜒曲折的芦荡港汊，创造以体验农家民宿、芦荡野趣为特色的游览区。

民族家园——民族村落区，位于四周环水的岛屿，空间相对独立，可以赋予比较私密的服务功能，并且营造出优美的环境，满足到这里的客人休闲、游览、娱乐、观赏等需要。

涓流云影——生态恢复区，建设人工湿地用于污水净化，作为污水处理厂中水的深度处理区，为湖区提供清洁水源，成为湿地公园修复生态环境的示范区域，并发挥生态科普教育、湿地监测等功能。

②造园理法

北湖国家湿地公园分内湖区和外河区两部分。内湖区是原伊通河泄洪区、经清淤布景筑路桥改造为湿地公园，湿地公园已完成绿化面积315万平方米，柳堤上有柳树品种共计51个品种、739株，包括旱柳、白皮柳、金丝垂柳、金枝柳、垂柳、龙须柳、馒头柳、三蕊柳、蒙古柳、松江柳、河柳、筐柳、大黄柳、朝鲜柳、美国纤维柳等。外河区包括橡胶拦河坝工程和开河建岛工程。

北湖湿地公园内有丰富的景观资源，是具有悠久历史文化的湿地，其底蕴深厚、景观独特、风光秀美。主要有水文景观、植物景观、水禽景观、天象景观及人文景观。湿地公园具有多种湿地类型、丰富的生物资源，具备建设湿地公园的良好条件。作为淡水资源生态保障的北湖湿地公园，依托湖体分布错落的优势，营造夜间亮化工程体系，将北湖打造成为水景喷泉呼应、科技光电互动、美轮美奂的夜色北湖。

（4）作业要求

①分析北湖国家湿地公园的生态作用及意义。

②整理北湖国家湿地公园中常见植物种类，分析其中的植物营造方法及布局形式。

③对北湖国家湿地公园平面图进行功能布局分析。

④分析2处驳岸类型，并绘制剖面图。

13.长春南溪湿地公园

（1）背景资料

南溪湿地公园地处长春市南部新城核心区域，西起亚泰大街，东至规划河堤，南邻南绕城高速公路，北抵南三环路。其在伊通河上游依托河道建成，南溪湿地公园创造了一个模拟自然生态湿地的人造湿地系统。园内建设310公顷的湿地面积，包括活动区、餐饮区、观赏区，集休闲、娱乐、商务于一体。

（2）实习目的

①学习长春南溪湿地公园的空间布局手法。

②了解湿地作用及湿地资源保护相关知识。

③学习长春南溪湿地公园中植物品种的选择及配置方法。

（3）实习内容

①空间布局

一心：指全民健身馆布置于场地核心腹地，集合丰富的运动服务设施，构建区域活力中心。

一廊：在湿地东北角修建诗意生活廊，结合桥梁、坡地、绿道、天井等，将生活文化、民俗民间文化串联，塑造充满春城生活诗意的文化体验廊。

一带：指在伊通河两岸结合山体、滨水环境塑造的长春历史文化与新城风貌的文化体验带。

蜿蜒于湿地中间的伊通河两岸滨水景点，打造现今城市少有的"城市外滩"，以滨河绿道的"一带"，串联起彩丘雕塑、水石径流、长白文化、历史长阶、城市演绎、生态栖息6个分区。

光影岛——光影桥，光影岛通过光影桥与伊通河两岸连接，岛上布置城市演绎空间，有环形看台广场。光影塔是南部新城景观轴线的标志性景观构筑物，高度28米。光影桥为跨伊通河的人行天桥，桥长650米。

生态岛位于伊通河中央，总面积约10公顷，是群鸟栖息的岛屿家园。

君子湖——蝶湖区，该区域位于南四环金色世界湾北侧，中海国际南侧，伊通河东侧，依托得天独厚的自然条件，打造滨湖休闲区、儿童活动区，为市民提供充足的活动空间。

游客服务中心位于园区入口，金色世界湾北侧，彩织街西侧。为单体建筑，契合原始地形走势，为两层框架结构，总建筑面积为11700平方米，功能以展示、休闲、管理服务为主。同时更是一座观景平台，可以俯瞰君子湖、蝶湖等南溪湿地公园景点。

南溪湿地公园还包含生态栖息区、彩丘艺术区、水石径流区等景观配套建筑，具有管理、售卖、餐饮、休闲、公厕等多项功能。

②造园理法

长春南溪湿地公园的造园理念融合了生态、文化与休闲元素，作为一个多功能的城市湿地公园，它不仅承担着防洪减灾、生态保护的职责，还提供了文化旅游、休闲娱乐及教育展示的空间。在设计上，公园强调对自然环境的尊重和保护，运用景观设计手法，以人为中心，重建人与自然、人与城市的和谐关系，实现生态的可持续平衡。

公园内部精心规划了生态栖息区、艺术区和水石径流区等特色景观区域，创造出一种山水相融的自然美。为了丰富生物多样性和提升景观效果，公园内种植了超过9万株乔木，包括白桦、杨柳等，以及40余种陆生花卉和30余种水生植物，还有2万多平方米的高品质草坪，为市民提供了一个充满生机的绿色空间。

此外，公园的规划方案综合考虑了公共服务设施的完善、绿道系统的建设、特色景观风貌的塑造、交通系统的优化、基础设施的升级以及场地活动的组织等六个方面，以满足市民多样化的需求，提升公园的功能性和吸引力。

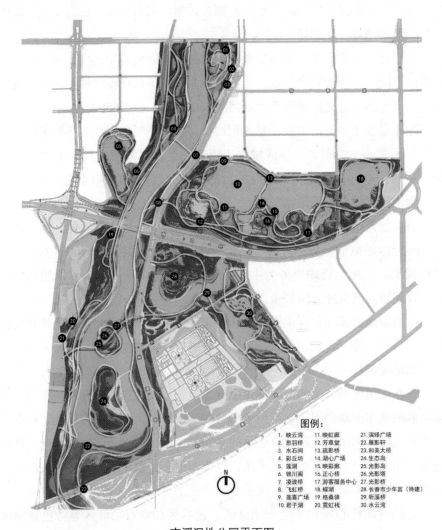

图例：
1. 映云湾	11. 映虹廊	21. 演绎广场
2. 息羽桥	12. 芳草堂	22. 雁影轩
3. 水石间	13. 疏影桥	23. 和美大桥
4. 彩丘坊	14. 湖心广场	24. 生态岛
5. 莲湖	15. 映彩廊	25. 光影岛
6. 锦川阁	16. 正心桥	26. 光影塔
7. 凌波桥	17. 游客服务中心	27. 光影桥
8. 飞虹桥	18. 蝶湖	28. 长春市少年宫（待建）
9. 莲喜广场	19. 格桑驿	29. 听溪桥
10. 君子湖	20. 霓虹栈	30. 水云湾

南溪湿地公园平面图

（4）作业要求

①分析南溪湿地公园平面布局及功能分区。

②对比分析北湖湿地公园和南溪湿地公园的异同。

③选择3处长春南溪湿地公园中乔灌草植物组团，并分析其植物配置手法。

④分析南溪湿地公园驳岸护坡形式特征。

⑤选择南溪湿地公园中景观节点，速写3张。

14.长春南湖公园

（1）背景资料

南湖公园位于长春市朝阳区内，居长春市核心地段，为长春市的主干道——南湖大路延安大街、工农大路所包围，交通通达性好。因接近长春市著名的人文景观"八大部"而与其形成了一个人文与自然相融的景观群，吸引了大量的游客。南湖公园始建于1933年伪满时期，称为黄龙皇家公园。公园总面积222万多平方米，其中湖面面积92公顷，为全国性的市内公园，花园特色鲜明。1960年在原苗圃所在地建起了南湖宾馆；1979年在垂虹桥原址处重新修建了钢筋混凝土的南湖大桥；1988年在公园北端建起了长春解放纪念碑。2022年7月，长春市南湖公园积极推进金沙滩改造提升工程，工程于7月15日完工。面貌一新的金沙滩，于7月16日重新对外开放。

（2）实习目的

①学习南湖公园的空间布局手法。

②了解南湖公园中植物品种的选择及配置方法。

（3）实习内容

①空间布局

南湖由南湖大桥分割为两个区域，以延安大路、南湖大路和工农大路为界，呈三角形布局。南湖四周由绿地和树林组成，分为西部林地、森林休闲区、儿童游乐区、三角广场、水岸游乐城和沙滩浴场，集休闲和游乐于一体。

整个公园可分为南北两个部分。正北方向入口处以长春解放纪念碑为地标性建筑与起点，道路向东西两个方向延伸。向西经四亭桥、荷花池儿童游乐区至西部林地，林地内有皇家马场以及马车等景点；向东经800米长堤至沙滩浴场、南湖一号观光船台，继而到达森林休闲区，林内种植有针叶树、阔叶树、果树、花灌木等。湖区南北两部分以南湖大桥为界，南部主要为绿地以及芦苇区。

a.人口集散区

人口集散区即公园的出入口，包括0—6号门，其中0号、3号、4号为主要集散点，3号尤为重要。集散区满足游人进、出公园，在此交会、等候的需求，同时也拥有美丽的景观，是公园给游客留下的第一印象。主要建筑及设施包括门卫处、休息处、宣传板、食品玩具零售店、公园导游图等。

b.停车场

停车场是游客汽车停放场地，位于0、2、4、6号门处，既要满足交通方便，又不能在公园最主要的出入口，即3号门处，否则会严重影响公园景观。

c.儿童游乐区

靠近公园3号门处，主要服务对象是儿童，可达性强。设有儿童游乐园、水上乐园，建筑设施造型新颖、色彩鲜艳，能引起儿童对活动内容的兴趣，同时也符合儿童天真烂漫、活泼好动的特征；同时设有大量座椅，方便看管儿童的家长休息，游乐园距离湖面有一定距离，以保证活动区内儿童的安全。

d.嬉水区

位于公园东北部，靠近2、3号门，主要建筑、设施有亲水木平台、荷花池、铜鹤三角广场、四亭桥、船台、水岸游乐城、滨水棋台、湖心绿岛、脚踏船台、滨水长廊等。这是公园的核心区，也是内景点最密集的区域，该区以水为核心，方便人们近距离接触水面，可以赏花、坐船、下棋、垂钓、游泳。

e.人文旅游区

人文旅游区即3号门入口，有解放碑及解放碑广场，解放碑高而挺拔，颜色略深，给人以庄严肃穆的感觉，周围绿树环绕，又有鲜花映衬，美不胜收。

f.森林休闲区

以针叶林为主，树木茂密，有大量野生鸟类及松鼠，蜿蜒的林荫小道适合市民散步休闲。森林休闲区还设有跑马场和体育运动场地，可供青年人进行休闲娱乐活动。

g.林地风光区

在南湖公园的西南部是林地风光区，该区森林密布；春天野花烂漫、姹紫嫣红、鸟语花香、万木争荣；夏季山清水碧、林木葱郁、气候清爽宜人，实为避暑胜地。

h.游船活动区

游船活动区主要在公园中部，游客可乘坐游船畅游于南湖之中，欣赏湖边美景，享受日光照耀，也可水中垂钓。冬季，水面冻结，这里又成为人们冰上游乐的好地方，可以滑冰，滑雪，坐狗拉冰车等。

i.沙滩浴场

沙滩浴场位于0号门入口处，沙滩上的沙子细腻，可以游泳和帐篷露营；同时，沙滩浴场还设有无动力儿童活动设施，非常受儿童欢迎。

j.芦苇荡生态自然风光区

公园南部为芦苇荡生态自然风光区，芦苇密布，以自然风光游览为主。

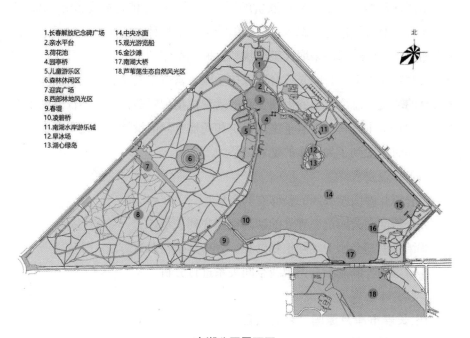

1.长春解放纪念碑广场　14.中央水面
2.亲水平台　15.观光游览船
3.荷花池　16.金沙滩
4.园亭桥　17.南湖大桥
5.儿童游乐区　18.芦苇荡生态自然风光区
6.森林休闲区
7.迎宾广场
8.西部林地风光区
9.春堤
10.凌碧桥
11.南湖水岸游乐城
12.旱冰场
13.湖心绿岛

北

南湖公园平面图

②造园理法

南湖公园现已成为集休闲娱乐、体育健身、水体观光和植物观赏等于一体的大型综合性公园。

公园林木葱茏，绿草成茵，山水相依，鸟语花香。园内有四亭桥、长春解放纪念碑等景点；有供游人娱乐的跑车场、卡丁车游乐场、3D电影放映厅、旱冰场和划船、遨游太空等游乐项目以及配套的饮食、茶社、商业服务网点。

南湖公园四季景色分明：春天冰雪融化，湖波荡漾，柳抽新芽，呈现出一片生机勃勃的景象；夏天，花团锦簇，草长莺飞，岸柳垂青，人们漫步在曲桥亭榭之间，尽享生活快乐；秋天，整个公园变成一个彩色的世界，黄叶、红叶、绿叶交相辉映，自然成趣；冬天，白雪茫茫，银装素裹，可去林地踏雪，可到冰面享受冬季体育活动带来的快乐。

长春南湖公园的景观植物如此之多，还保持着生态保护的基础。公园建立了一套完善的废品回收利用系统和植被维护系统，对植物进行适宜分布，采用多层次种植，保证游客在欣赏的同时，还不会对植物造成影响。此外，公园还着重对植被进行生态鉴定，提倡野生动植物种群的保护。对于南湖公园内的草坪，管理部门采取人工放牧和机械割草相结合的方式进行维护。同时，在植物养护上，公园采取合理保护手段，营造出安全、绿色、环保与游客共享的环境。总之，长春南湖公园的景观植物配置多样化，不仅体现了四季分明的正常生态，也注重了生态保护和场地空间的设计，更让游客在欣赏美景的同时体验到了大自然的魅力和活力。

（4）作业要求

①分析长春南湖公园的整体空间布局。

②分析南湖公园纪念碑处的动态空间序列关系。

③结合南湖公园中实际植物景观，分析其植物营造方法。

④对南湖公园湖心岛内视线空间关系进行分析。

15.长春市净月潭国家森林公园

（1）背景资料

净月潭国家森林公园，国家5A级旅游景区，国家级风景名胜区，国家森林公园，全国文明风景旅游区示范点，国家级水利风景区，国家级全民健身户外活动基地。

净月潭国家森林公园位于吉林省长春市东南部长春净月经济开发区，景区面积为96.38平方千米，其中水域面积为5.3平方千米，森林覆盖率达到96%以上。净月潭因形似弯月状而得名，与台湾日月潭互为姊妹潭，是"吉林八景"之一，被誉为"净月神秀"。

净月潭是在1934年由人工修建的第一座为长春市城区供水的水源地。景区内的森林为人工建造，含有30个树种的完整森林生态体系，得天独厚的区位优势，使之成为"喧嚣都市中的一块净土"，有"亚洲第一大人工林海""绿海明珠""都市氧吧"之美誉，是长春市的生态绿核和城市名片。

（2）实习目的

①了解长春净月潭国家森林公园的整体空间布局。

②学习长春净月潭国家森林公园保护区划分及建设。

（3）实习内容

①空间布局

净月潭国家森林公园被誉为"长春都市森林"，公园的地势南北各异，北部地势起伏较大，海拔220—290米；南部地势相对平坦而开阔。净月潭风景区地处长白山麓向西部草原的过渡地带，地貌呈低山丘陵状，有山峰119座，起伏的群山绵延成纵横的山谷，将一潭形似弯月的碧水环绕其中。

"鹿苑"是净月潭国家森林公园内主要景观之一，苑内饲养有长白山梅花鹿、天山马鹿、大兴安岭驯鹿、麋鹿等鹿科动物500多只，更有热带风情的非洲鸵鸟供人观赏。净月潭国家森林公园内的"东北虎园"正门与长影世纪城隔路相望，是长春市第一家以动物散养为主的生态型野生动物园。净月潭湿地公园位于溪流桥至河沿桥段，占地约1平方公里，主要包括湿地、溢流坝、园林绿化和船台四部分。净月女神广场是净月潭景区标志性迎宾景观、景区大型活动的主要举办地。净月潭标志性建筑——净月女神雕塑，伫立在喷泉广场的中心。潭南近水处的石羊石虎山上坐落金代古墓两座，墓道两侧有2石人、2石羊和1石虎，所以得名石羊石虎山。碧松净月塔楼是净月潭内标志性的建筑，塔楼坐落于观潭山上。与碧松净月塔楼毗邻的是太平钟楼，它是为了纪念吉林省1981年至1990年10年无重大森林火灾而修建的。

2010年末，净月潭瓦萨博物馆建成，场馆建筑面积2336平方米，占地面积1300平方米，分为地上两层，地下一层，它的斜坡屋顶造型延续了瑞典本土的建筑风格。石材墙面粗犷强悍，实木外墙疏密有致、彼此交错，整体建筑与净月潭自然环境巧妙结合。净月潭重点打造的大型欧陆风情为主题的体验式雪雕园——净月雪世界，以雪为主，以美为准则，成为冰雪旅游一道靓丽的风景线。净月潭高尔夫球场分为净月潭森林高尔夫球练习场和净月潭森林高尔夫球场。净月潭水上游览船舶集水上交通运输、游览于一体。从任何一处码头上船都可以通向风景区的几个主要景点：大坝码头、沙滩浴场码头、橡树湾码头（森林浴场）、滑雪场。

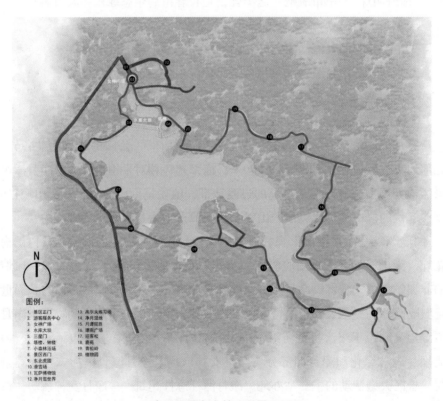

净月潭国家森林公园平面图

②造园理法

净月潭国家森林公园入口区处于平原地带，容易塑造庄严、肃穆、开阔的景观环境。净月潭公园全区共设置7个出入口，其中1个为主要入口、3个次入口和3个辅助入口。主入口是从市区进入核心景区的最便捷的入口，将成为游人主要集散地，是风景区最主要的出入口。净月潭公园主入口区位于水库大坝以北的山间腹地，北面及东面是长大公路。将南北向的长大公路与入口景区大道相接，主入口向南留出足够的缓冲地带，并在服务中心以北设广场，西侧设景区内机动游览车的站点。

长春净月潭国家森林公园主要以植物造景为主，遵循人与自然协调发展的原则，走可持续发展路线，以不同植物群落为纽带，将风格各异的园林景观根据特征联系起来。充分利用植物色彩、花期来展现园中特色，表现一年四季的植物景观效果，体现具有北方地域风格的城市公园特色。再加上园林小品等硬质景观点缀其中，为公众创造了高质量活动场地。

植物景观的自然性原则：在配置中要以自然植物群落为主要依据，模仿自然的群落组合方式和配置方式，合理选择配置植物，避免形成物种单一、整齐划一的配置局面，追求古代园林设计风格，做到"虽由人作，宛自天开"。

植物造景的艺术性原则：植物景观不是植物的简单结合，也不是对自然的简单复制，而是在审美性基础上的艺术再创造和加工的过程。在植物景观设计中，植物的形态、色彩、质地以及比例应该遵循统一、对比、均衡、韵律的艺术法则。

（4）作业要求

①分析净月潭国家森林公园的整体空间布局。

②分析净月潭国家森林公园中森林资源的保护作用。

③选择长春净月潭国家森林公园中印象最为深刻的分区或景点，试分析其空间尺度及造园手法。

④结合净月潭国家森林公园中实际植物景观，分析其植物营造方法。

⑤完成景观速写3张。

第二章　生产实习

　　毕业生产实习是本专业教学计划中的重要部分，是学生巩固和深化所学理论知识，培养创新与创业意识，进行基本技能训练不可缺少的一个重要教学环节之一。为方便学生圆满完成实习任务，特拟定本指导书。

一、实习目的与要求

　　通过实习，使学生了解风景园林专业业务范围内的工作组织形式和管理方式，熟悉我国风景园林行业的方针、政策和法规，掌握风景园林的统筹、设计、表达、后期服务的专业技能，了解风景园林行业的动态与发展趋势，提高分析问题、解决问题和实际动手能力。

　　凡本专业学生，必须参加毕业实习。要求在实习中充分发挥自觉性、主动性和积极性，认真完成实习任务，为毕业后从事本专业技术及管理工作打下必要的实践基础。

二、实习的组织领导与管理

　　实习单位的指导老师由实习单位委派，负责领导和指导学生的现场实习工作，安排实习岗位，并明确其具体的工作内容，进行业务指导，做出实习鉴定等。

学生落实实习单位和工作岗位后，应该立即将实习单位落实情况（如单位名称、地点、指导老师、联系方式等）告知本班班长，由班长统一制表，电传给校内实习指导老师、学院教学秘书郑桂荣老师。

学生在实习期间，如有具体的专业问题，除请教校内、外的指导老师外，也可以向相关的专业课老师咨询，寻求帮助。

三、实习方式

根据专业特点及方便学生落实就业单位，毕业实习采取分散实习的方式，即原则上由学生自己联系与专业相关的单位进行实习。各位同学根据自己的就业意向和客观条件，自行联系实习单位。对联系实习单位确有困难的学生，实习指导小组可给予适当协助，帮助其联系实习单位。

实习学生联系到实习单位后，拜会实习单位领导，呈请阅读本实习指导书。请实习单位指派实习期间的指导老师，协助拟定实习计划，共同确定实习内容，明确工作职责、组织关系及实习的具体地点等，并妥善安排好食宿问题。

四、实习时间安排

根据学校批准的专业教学计划实施方案的要求和安排，结合每年的具体情况，实习定于每年3—5月期间进行，实习时间为10周，正常实习时间不得少于8周时间。学生于每年5月2日前返校。（提醒：5月15日—18日毕业论文答辩。）

整个实习分为实习准备、实习、实习总结三个阶段。

每年1月6日　　　　　　　实习动员、实习资料准备

每年3月4日前　　　　　　落实实习单位

每年3月5日—5月2日	实习
每年5月2日	返校（注意1月—4月期间需要同时完成毕业论文，定期与指导老师沟通联系）
每年5月2日—5月5日	毕业实习总结，提交生产实习报告
每年5月6日—18日	评定实习成绩

五、实习内容

（一）基本情况的了解

实习生到达实习单位后，首先应听取所在单位领导或实习指导老师介绍情况，重点了解以下方面的内容：

1.实习单位的基本情况（名称、性质、隶属关系、单位的部门组成、员工数等）。

2.近年来主要经营项目或成就。

3.所在单位的历史、现状及发展计划。

（二）实习内容

风景园林专业知识涉及园林规划设计与施工、园林植物培育、园林植物保护及园林管理等多方面内容，学生可根据择业方向、单位实际情况，结合本人的兴趣而有所侧重。但请单位指导老师尽量让学生在以下范围内实习：

1.风景园林规划设计方面

了解当地或所在单位风景园林的发展历史、现状及发展规划；了解当地园林绿地的布局、类型和风格；收集当地典型园林绿地规划设计的范例；熟悉园林建筑（包括亭、台、楼、阁、廊、榭、小品、雕塑、餐馆、茶馆、摄影室、游乐室、小卖部、厕所等）、山石（包括假山、地形处理等）、水体

（包括河流、溪水、河湾、池塘、喷泉等）、植物四大园林组成要素规划设计
与应用的要点；熟悉规划设计从现场踏勘、制定设计大纲到具体设计各环节
的基本要求、规范、内容与程序；参与各类园林绿地的规划、设计或施工。

2.园林植物方面

了解当地花卉消费水平、市场行情和前景；了解当地园林花卉苗木生
产、销售、供需及市场信息等情况，包括园林苗圃的种类、布局、生产条件
与水平、园林植物产品类型、新技术与新设施及新品种应用情况；认识当地
园林绿化中应用的常见花卉和观赏树木种类，包括生物学、生态学与园林学
特性的熟悉了解；了解古树、名木以及当地自然植被的分布状况和特色；调
查实习单位或当地城市园林绿地中应用的园林植物种类；调查当地园林植物
的引种驯化及利用情况；深入生产第一线直接参与园林植物繁殖、栽植以及
养护管理的实际工作，掌握各环节的技术要点；熟悉园林植物种植施工的程
序、技术环节及基本要求；调查当地各类城市园林绿地，重点是街道、广
场、公园、居住区等绿地植物造景设计的基本形式，并总结当地植物造景的
基本特点；了解园林植物与水体、建筑、山石、小品、地形等园林要素的
组景关系与方式等；了解当地园林花卉与观赏树木在室内外的应用方式与
特点。

3.园林植物保护方面

调查了解当地园林中常见园林植物病、病虫害的种类、分布、危害对
象、危害程度等；观察主要病虫危害发生发展的规律，危害发生的表现、病
征及其防治方法等；熟悉常见病虫害的防治方法以及常见药物的性能、使用
方法等；了解化学防治、生物防治、管理技术防治等综合防治的重要性；了
解所在单位或地区植物保护方面工作的情况、经验和问题。

4.园林管理方面

了解城市园林绿化管理的原则、作用及管理体系；熟悉国家和当地政府
有关园林的法律、法规以及管理条例等；了解实习单位的管理体制、组织机
构、生产任务等；熟悉计划管理、民主管理、劳动管理、技术管理、财务管

理五大管理的基本内容与要求；了解远景规划、当年生产计划、物资供应计划、科研计划与人才培养计划等的编制和执行情况；了解劳动组织、劳动定额、劳动纪律、劳动生产率和生产技术指标的制定及固定工人、季节工人的人数和使用情况；了解实习单位或当地园林部门资金来源、总投资和当年经费预算、财务计划的编制，工资标准、经费的分配和使用，成本核算情况；了解实行分级管理、独立核算和承包责任制的情况经验及各种制度的建立和执行情况；了解实习单位园林绿化工作人员定编设岗情况。

六、实习要求

1.参加毕业生产实习的同学，必须签订《吉林农业大学学生校外实习安全协议书》，方可出去参加实习。

2.尽早参加毕业实习，一旦确定实习单位后，应该立即将实习单位的基本情况和有效联系方式告知班长。

3.必须模范遵守国家法律法规和实习单位的规章制度，遵守纪律和作息制度。

4.服从实习指导教师和实习单位的管理与安排。

5.尊敬领导和同行，文明礼貌，树立当代大学生的良好形象；杜绝赌博、打架、斗殴、酗酒等不良行为。

6.虚心学习，不耻下问，并善于理论联系实际。

7.严格执行生产操作规范，保证工作质量，爱护公共财物。

8.高度重视自身人身与财物的安全，自觉树立安全防范意识。若有突发情况，请及时与实习指导老师及学院联系。保持每周至少一次，通过电话、短信、微信、QQ等方式与指导教师联系。

9.坚持记好实习日志（实习日志要能如实反映每天的实习内容、具体工作情况等）。

10.应严格遵守实习生守则，努力完成实习的各项任务，禁止弄虚作假。

11.实习结束后，应及时写出实习小结，呈请实习单位领导或实习单位指导老师审阅，签署实习意见（即实习鉴定，鉴定内容包括学生工作表现、独立工作能力、分析问题和解决问题的能力、生产技术掌握的程度，工作成绩、组织纪律性以及对实习生的意见和希望等），评语应加盖单位公章。

七、实习成绩考核

学生实习返校后，须及时进行实习总结，根据实习内容撰写实习总结报告，按时向校实习指导小组老师提交实习总结报告和实习日记等。

实习指导小组的老师根据各位学生在整个实习期间的工作能力、业务水平、组织纪律情况、实习单位鉴定意见、实习报告的质量与内容、实习日记等综合情况评定其毕业实习成绩，并评选出校级优秀实习生。

实习成绩分为优秀、良好、中、及格与不及格五个等级。凡实习天数缺席规定时间三分之一以上者（含病事假），根据情况令其补足或重修，否则不能参加考核。实习成绩不及格的，必须重修。

八、实习报告（总结）的内容

实习报告应字体工整清楚，既有具体内容，又有理论阐述，力求内容充实，文字简练，有理有据，条理分明。

实习报告写作提纲如下：

1.实习基本情况概述
实习的起始日期、实习单位情况、指导教师情况、自己的工作职责或岗位。

2.实习内容

（1）主要实习内容（包括工作任务、要求，技术操作或生产过程，完成的工作量，技术措施和工作质量的评定，生产技术的改进等），并综合运用已学的知识，对任务进行理论分析或论证。

（2）其他单独完成的任务。如专题调查研究、规划设计方案，帮助工人总结技术革新成果，帮助职工学习科学知识等。

（3）参加社会活动情况。

3.收获体会（感想、感悟）或建议

（1）实习感想为实习的主要收获和存在的问题，个人在实习中的主要优缺点。

（2）对实习场所生产、经营管理及技术措施上的优缺点的分析和建议，通过实习检验对过去所学课程和教学环节的意见等。

九、实习参考书及实习用具

1.参考书

有关花卉栽培、园林苗圃、园林植物、园林规划设计、园林制图、园林建筑、园林工程等方面的书籍和参考资料。

2.实习用具

绘图板、计算器、比例尺、标本夹、枝剪、海拔仪、罗盘仪、水准仪、皮尺、放大镜、钢卷尺、记录夹、绘图仪等。

3.其他

学习、生活的必需用品。

第三章　毕业设计

设计题目：长春水文化生态园景观规划设计

一、设计性质

本毕业设计是专业培养环节风景园林专业设计综合大题，是专业培养四年结束后的一次全面总结与综合。它使学生在掌握风景园林设计理论和方法的基础上，进一步提高和总结风景园林专业的理解能力、分析能力、创作能力以及动手能力，圆满完成风景园林专业的学习。本书以2020级专业学生的毕业设计题目为例进行介绍。

二、设计目的

1.通过毕业设计阶段的训练，巩固所学的基本理论和专业知识，培养提高学生综合应用、独立分析、解决问题和初步进行设计研究的能力。

2.掌握规划设计过程中所涉及的相关规范和法规。

3.培养学生正确的设计和研究思想、理论联系实际的作风和严谨的工作态度。

4.培养学生在材料调查与搜集、文献查阅、工具书使用、文字表达、方案设计、设计意图表达以及计算机辅助设计等方面的综合能力。

三、设计基本要求

1.主题明确：主题自拟，考虑文化特点和底蕴，自行拟定设计主题进行设计，要求科学、合理、有创新性。

2.合理利用：项目地周边的道路及自然要素应在现状分析的基础上合理利用。

3.内容完整：设计内容包括地形、水体、道路、植物、建筑及其他景观要素的综合应用，形成既独立又与周边空间相协调的完整景观空间。

4.图纸齐全：图纸内容完整，电脑绘制。

四、毕业设计的一般步骤

结合当地自然条件、风土人情、历史文脉、技术条件、周边景观（特别是主体建筑形式和功能）等方面进行规划设计构思，设计方案能体现现代城市发展理念，符合人性化要求，造价合理，具有一定的可操作性，可以引入一些相对新颖的设计理念，如海绵城市等设计理念，注意要适当深入一些，不要流于表面。

消化原理，实地现场调研并查阅有关资料与成熟的设计案例。确定设计主题、服务对象、功能，计算场地人流量与绿地率及相关经济技术指标，初步选择确定功能分区、景色分区，试做一轮草图。

详细设计，确定出入口位置，深入考虑各功能分区、景色分区、空间环境的序列，园路的布置，场地的布局，地形的处理，建筑与景观小品的种类、布置及其设计，植物种类与种植设计。

细化设计，深入布置并调整方案，确定完成全部正式草图，编制方案。

制作展板、样本，打印，布展。

制作PPT，公开答辩，分组答辩。

五、设计成果内容

1.设计说明书

毕业设计说明书（论文）

（1）毕业设计说明文字要通顺、层次清楚，方案选择合理，选定的参数要有依据，各种符号应注有文字说明，必要时列出数据表格。

（2）说明书的内容一般包括文字不少于5000字（包括设计理念、设计构思、设计特色）、综合技术指标表格等几个部分。

序号	项目	面积（m²）	占总用地（%）
1	总用地		
2	道路广场		
3	绿化用地		
4	水体用地		
5	建筑面积		

2.上交图纸内容

（1）区位及现状背景分析图。

自然：区位条件、自然条件、周边用地、气象地理（气象、水文、地质地貌）、生态本底（动植物）等。

人文：文化分析（民俗、宗教、历史文脉等）、交通、视线节点、人群分析、设施概况、经济区位发展、政策分析、上位规划解读等，我们需要发现和解决的问题。

（2）总平面图、总体鸟瞰图。

（3）竖向设计图（地形、水体、管线等）、剖面图、立面图。

（4）功能分区图、景观分析图、道路交通分析图、植物群落分析图、照明分析图等。

（5）植物配置图、植物意向参考图（包括总体植物目录表，乔灌木的品种、学名、规格及相应数量）。

（6）铺地、台阶、道牙、花槽（台）、休闲座椅等的专项设计图。

（7）园林小品、照明及其电路系统、标志系统等景观设施分布图。

（8）景观建筑单体平面、立面、剖面图。

（9）无障碍导引设计作为一个完整的系统，应有自己的特色，结合标识和竖向设计，最终体现人性化和美观的结合。

六、安排进度

根据导师安排自行确定进度。

七、毕业作品提交内容及要求

1.设计说明书（论文）

（1）设计说明书选题与毕业设计图纸相一致，撰写格式按"吉林农业大学学士学位毕业设计说明书"要求格式撰写。

（2）设计说明书需提交Word格式的全文，并附查重检测报告（以学校指定的查重平台为准）。

2.图纸

（1）图纸语言要求

指定语言为中文、英文，毕业作品需用中文、英文两种语言进行设计题目、标注以及设计说明的相关表述。

（2）图纸详细要求

图纸内容包括上述设计成果相应的图纸以及设计说明，比例自定。

每套毕业作品2张展板。根据不同用途，设计者图纸必须按照以下规格进行设计。

图纸要求				
项目	图像大小 （宽×高）	分辨率	格式	图面要求
展板 用图	90厘米×120厘米	150DPI	jpg	在展板底部规定位置写清学校、专业、作品名称、作者、指导教师。其他位置不得出现学校、专业、作者、指导教师，建议最小字号不小于30点
评审 用图	90厘米×120厘米	72DPI	jpg	学校、专业、作者、指导教师不得出现在图上，否则按无效作品处理

3.答辩PPT

每位同学须将设计成果制作成PPT，以备答辩所用。

八、版权

学生本人必须拥有该毕业设计方案中主题思想的知识产权，并且学校拥有在书籍、杂志、报纸、网络等媒体发表刊登的权利，任何可能发生的各种形式的版权（署名）纠纷将完全由毕业者个人承担。

签署：独创性声明、学位论文使用授权说明。

九、导师分配

以本科导师制分配教师为准。

十、设计地段图

见附件（DWG文件格式）。

十一、项目概况

长春水文化生态园西临亚泰大街，南邻净水路，东至东岭南街，前身是始建于1932年的长春市第一净水厂，也就是人们俗称的"南岭水厂"。在其2015年迁址后，这里就留下了全国省会城市中难得一见的稀缺资源——35万平方米生态绿地，也留下了一处不可复制的净水工业文化遗址。

曾经位于亚泰大街与净水路交会处的长春市净水厂，因其所肩负的重任、弥足珍贵的工业遗迹，成为长春供水文化的重要印记。随着时间推移，再加上我市居民生活供水能力需求逐年增大，新的净水厂建成后，这里的使用价值变小。但面对曾留存的历史印记以及保护完好的植被等设施，大家却没有遗忘它，这里依旧是人们关注的地方。如今，经过重新设计与施工，一个集合水文化元素，让人们能更好地认识水、利用水、善待水、亲近水的好去处——长春水文化生态园将在这里诞生。

主要景区：水生态活力区、历史文化博览区、文创办公区、城市活力嘉年华、艺术文化中心。

水文化生态园区绿化率达80%，植物种类达51种，古树名木较多，古树区主要集中在园区的南部和中部，南部主要有山丁子、油松、红松，中部主要有旱柳等。古木参天、植被丰富与自然形成的岭地地貌交织在一起，构成了一个不可多得的"生态小气候区"。

园区内的下沉雨水花园里，设置了景观雾化装置、阿基米德取水装置，同时利用原有建筑的排气孔、检修廊打造了一条景观廊道，极具观赏性和互动性。

同时，园区还融入先进的海绵城市建设理念：不论是停车场、市民广场，还是活动场地，都采用透水材料进行铺装，便于雨水下渗、收集；园区道路两侧设置了植草沟，能很好地收集地表径流，引蓄、净化雨水，并将其引导至沉淀池、雨水花园等区域。

在园区，人们不仅可以赏景，还可以快乐玩耍，集儿童沙坑、攀爬、秋千、滑梯等于一体，让各年龄段的人们都能找到乐趣；天气热了，大家还可以在净水互动乐园里打水仗，找回童年的记忆。

园区里，各种雕塑景观小品让人眼前一亮，一个个"水滴"形状的小造型更是点缀于多个区域。同时还设置了博物馆区，是在原第一净水车间、第二净水车间、第二絮凝车间基础上打造的，"水与城市"主题展陈是其核心部分，从不同角度对"水与城市"这一主题进行阐释。

除了11栋文保修缮建筑外，园区还有15栋改造建筑和10栋原拆原建建筑。为了传承其独特的建筑风格和历史韵味，设计和施工中统一风格，统筹考虑：在改造原有建筑时，充分利用了原有建筑拆下来的旧红砖，再加上适当的工业元素装饰，尽可能还原老工业建筑风貌，老式斑驳的墙体和与之相连的现代建筑融合在一起，形成了一种跨越时空的张力。

十二、详细设计内容

针对场地内的现状特点以及莲花山旅游度假区举办的国际艺术文化节活动，对公园用地范围内的场地进行综合公园景观设计。

（1）综合考虑人、车的分流及建筑物的功能与景观视觉要求，合理布置道路、出入口及公共停车场，考虑游客及车行的流线避免交叉。

（2）既要整合设计，又要体现不同功能区域的特点和要求。空间布局满足使用要求的同时，考虑景观空间序列的组织以及地域传统人文和文化的展示。

（3）竖向设计：场地现状地势起伏明显，应加以利用，创造丰富的景观层次，为使用者创造充实多变的空间感受。

（4）绿化配置：树木、草坪、花卉应多样统一，体现地方特色。从绿化形式到树种、树形、季相、花色等多方面考虑，做到多样化、多层次。

（5）道路铺装：结合路网结构和建筑形态整合铺装设计，在统一的前提下注意变化，使铺装起到美化、界定空间和引导人车流线的作用。

（6）水体设计：水体区域景观应妥善处理建筑与水体、道路与水体的关系。

（7）景观设施：包括小品、花坛、雕塑、座椅、标识物、导向系统等，要有统一的布局和造型设计，强化景观节点特色与人文景观的可识别性。

（8）照明设施：包括路灯、广场灯、埋地灯、泛光灯、草坪灯及各种造型灯饰。灯具的选择应以简洁现代为原则，风格一致，力求营造丰富的照明景观。

十三、具体设计要求

依据上位规划相关要求，根据地段实际情况，顺应地形变化，严格控制日照、通风、防火、交通及环境设计，达到以人为本，满足使用功能及技术经济的合理。

1.设计依据

《公园设计规范》。

2.总体布局

依据各功能地块定位要求、规划条件及地块规模，采用适宜的设计尺度，注重公共开敞空间在空间架构中的作用，使规划地块内景观和文化底蕴相结合。

总平面布局贯彻场地设计与环境设计一体化的原则，满足内部使用功能要求，出入方便，安全畅通，路线短捷方便，将建筑物与周围环境完美地融合在一起。

3.道路交通

道路系统应合理组织内外交通，满足车行及人行需求，处理好人行与车行的关系，具备弹性的发展和控制能力。

4.景观

规划地块包括多种景观，主要景观区域有养老设施、公园、居住小区、商业设施。挖掘现状历史文化信息，提炼出具有地方特色的景观特征，塑造出具有地方特色的与使用功能相一致、整体协调的建筑环境景观，同时注重与周边环境景观的协调。

5.设计要点

（1）景观节点：A.入口处；B.小广场；C.主广场。

（2）交通组织：根据建筑规划设计形成结构清晰、完整、可达性高的车行道路，并有明确的导向性，道路两侧的环境景观应达到步移景异的视觉效果；人行步道系统应该完整、便捷，符合人的行为习性，并与建筑出入口便捷衔接，在满足各种交通需求的同时，道路可形成重要的视线通廊；充分考虑道路、停车位、消防车道等出入口的对景；道路设计要达到功能和美观并重，注意管井盖板、路缘石等细节的处理。

（3）服务性设施：包括贩卖厅、电话亭、邮筒、垃圾箱、座椅等，要有统一的布局和造型设计。造型要突出特色，使服务设施和小品之间，虽功能各异，但又有共同基因，形成街道特有的小品系列，方便顾客停留休息。在商业区的逗留空间安排大量座椅，位置应遵循顺畅原则，与步行街并行排列，不影响通行空间中行人的活动，同时也满足休息者的观景需求。

（4）竖向设计：充分利用自然地形，尽可能保护原有的生态条件和原有风貌，体现场地的个性和特色，主动营造高差，有效增大绿化面积，丰富景观层次。

（5）景观设施：包括绿化、花坛、水池、喷泉、雕塑、广告牌、标识物、道路铺装等，营造商业街轻松自然的活跃气氛，除行道树外，应增加草坪和移动花坛，设置水体，强化景观节点特色，设置雕塑，强化人文景观。地面铺装应丰富而统一，增加街道的统一性与可识别性，突出商业街的独有品牌。

（6）照明设施：包括路灯、广场灯、埋地灯、泛光灯、草坪灯及各种造型灯饰。灯具的选择应以简洁现代为原则，并与商业综合空间的风格一致，力求营造丰富的街道景观与商业氛围。

（7）植物种植：充分利用植物造景，营造自然亲切的绿色园林景观，按照适地适树的原则进行园林植物规划，充分发挥园林植物的功能，根据观赏特点合理配置，季相符合生态结构，达到人工植物配置的自然和谐。

十四、参考文献

[1]中国建筑文化中心. 中外景观：滨水景观设计[M]. 南京：江苏人民出版社，2012.

[2]度本图书Dopress Books. 当代生态景观[M]. 北京：中国林业出版社，2012.

[3]《国际新景观》杂志社. 国际新景观[J]. 武汉：华中科技大学出版社，2019-2024.

[4]《景观设计》杂志社. 景观设计[J]. 大连：大连理工大学出版社有限公司，2019-2024.

[5]胡延利，陈宙颖. 旅游度假区景观规划[M]. 上海：华东师范大学出版社，2007.

[6]中华人民共和国住房和城乡建设部. 公园设计规范GB51192-2016[M]. 北京：中国建筑工业出版社，2016.

[7]李俊奇，云振宇等. 低影响开发雨水控制与利用——设施运行与维护规范[S]. 北京：中国标准化研究院，2022.

[8]中华人民共和国住房和城乡建设部. 城市居住区规划设计标准GB50180-2018[M]. 北京：中国建筑工业出版社，2018.

[9]中华人民共和国住房和城乡建设部. 城市道路绿化设计标准CJJ/T75-2023[M]. 北京：中国建筑出版传媒有限公司，2023.

[10]中华人民共和国住房和城乡建设部. 城市绿地规划标准GB/T51346–2019[M]. 北京：中国建筑工业出版社，2019.

[11]中华人民共和国住房和城乡建设部. 无障碍设计规范GB50763–2012[M]. 北京：中国建筑工业出版社，2012.

[12]俞孔坚，李迪华. 城市景观之路：与市长们交流[M]. 北京：中国林业出版社，2003.

[13][丹麦]扬·盖尔. 交往与空间[M]. 北京：中国建筑工业出版社，2002.

[14]李敏. 城市绿地系统规划[M]. 北京：中国建筑工业出版社，2008.

[15]孙筱祥. 园林艺术及园林设计[M]. 北京：中国建筑工业出版社，2011.

[16][英]杰弗瑞·杰里柯，[英]苏珊·杰里柯著. 图解人类景观：环境塑造史论[M]. 刘滨谊，译. 上海：同济大学出版社，2006.

三、专业竞赛篇

第一章　设计类竞赛

　　风景园林专业是探讨人居环境问题，研究自然和人类和谐共处的学科，每年都会举办各类竞赛，旨在选拔行业人才，提升行业发展水平和竞争力。学生参与竞赛不仅能提高知识水平，还能加深对本专业的了解和认知。下面依照参赛难度和影响力大小作为学生时代参加竞赛的参考。

一、各高校邀请赛或者由某高校发起的竞赛

　　参与难度：易，影响力较小，获奖概率较大。可作为低年级或者第一次竞赛选择。

（一）北京林业大学自2018年起每年举办的北林国际花园建造节

　　该竞赛面向国内外风景园林专业的在校本科生和研究生。具体参赛要求和内容以北林官网或工作号推文为主，值得注意的是，这个竞赛的花园设计需要施工图，入围后需要参与实际施工，大大考验设计概念和实际相结合的能力。

（二）2019年举办的大学生未来花园设计竞赛

　　采取邀请赛形式，邀请国内五所农林类高校参与，主办方则由2020粤港澳大湾区·深圳花展组委会、中国风景园林学会、北京林业大学组成，同样

的也是要出施工图，这类比赛场地较小，参赛难度相对较低，但对设计和实践能力的考验很大。

二、国内各类知名竞赛

参与难度：中等。参与人数众多，竞争非常激烈，同时设立的奖项也较多，通常为概念性竞赛，不需要提交施工图，可作为第一次参赛的选择。

（一）中国风景园林学会大学生设计竞赛

由中国风景园林协会主办，为了鼓励和激发风景园林及相关学科专业大学生的创造性思维，引导大学生对风景园林学科和行业发展前沿性问题展开思考。

网址：http：//www.chsla.org.cn/（中国风景园林协会）

参赛人员要求：中国大陆及港、澳、台地区在校风景园林专业及相近学科的本科生、硕士和博士研究生均可参赛。参赛学生可以个人或者小组名义报名参赛（参赛小组不超过5人）。

时间：每年6—9月。

（二）中国国际园林博览会设计竞赛

由中国风景园林学会承办，地区住房与城乡建设厅、园博会筹办指挥部主办。

网址：http：//www.chsla.org.cn/（中国风景园林协会）

参赛人员要求：国内从事风景园林规划设计、建筑设计、城乡规划设计、环境艺术设计、旅游规划设计等规划设计的单位，国内各相关高等院校专业全日制教师或在校学生（含专科生、本科生、研究生），可以个人或小组参赛，小组成员不超过5人。

时间：具体见官网。

（三）全国高校景观设计毕业作品竞赛——LA先锋奖

"全国高校景观设计毕业作品展——LA先锋奖"是由北京大学建筑与景观设计学院联合中国建筑工业出版社共同主办，景观中国网和《景观设计学》杂志承办，是针对全国及港澳台地区的风景园林、景观设计学（景观建筑学、景观建筑设计、景观学）、城市规划、建筑学、环境艺术设计等相关专业院校的毕业设计作品而举办的学生竞赛和展览活动。

网址：http：//expo.landscape.cn/

参赛人员要求：

1.全国高校（含港澳台地区）风景园林、景观设计学（景观建筑学、景观建筑设计、景观学）、城市规划、建筑学、环境艺术设计等相关专业学生（专科生、本科生和研究生）。

2.以团队形式参赛，但团员不得多于5人。

时间：每年一届，具体见官网。

（四）中国人居环境设计学年奖

中国人居环境设计学年奖的前身为"中国环境设计学年奖"，由中国建筑学会室内设计分会教育委员会联合16家高校发起于2003年，作为学术交流平台吸引了全国1700所高校的参与，且已成为这一专业领域内有重要影响的奖项。后由清华大学与教育部高等学校设计学专业教学指导委员会联手改组，构建了更为强大的评委阵容，在2015年全新开启"中国人居环境设计学年奖"。

网址：https：//711140.kuaizhan.com/

参赛人员要求：中国各类开设城市设计、建筑学、景观建筑学、风景园林设计、环境设计、室内设计、艺术设计等专业的高等学校在校生。

时间：4—6月，具体见官网。

（五）城市与景观"U+L新思维"国际学术研讨会暨全国大学生概念设计竞赛

由全国高等学校风景园林学科专业指导委员会、《中国园林》杂志社以及华中科技大学主办。

网址：http：//www.jchla.com/（中国园林）

参赛人员要求：

1.全国相关院校（含港澳台）的相关专业，包括风景园林、城乡规划、建筑学、景观设计、环境艺术的在校学生（高年级本科生、硕士生、博士生）均可报名参赛。

2.以个人或小组参赛，每小组参赛人员不超过3人，每名学生限报一件作品，每件作品可设1—2名指导教师，每名教师参与指导作品不超过2个。

时间：7—11月，具体见官网。

（六）艾景奖·国际园林景观规划设计大赛

艾景奖@（IDEA-KING）是全球各地风景园林设计爱好者共同发起，由世界人居环境科学研究院领衔设立和打造的具有世界影响的创意设计专业展会和专业大奖，旨在奖励对景观设计行业作出突出贡献的设计师及设计机构，同时打造一个源于东方，面向世界的最佳交流平台。

网址：http：//www.idea-king.org/

参赛人员要求：

1.专业组：设计机构（单位）、专业设计人士、艺术家、各高校艺术设计专业的教师。

2.学生组：景观设计相关专业在校学生、年满（含）18周岁非专业设计机构的业余爱好者。

时间：3—8月，具体见官网。

艾景奖像ASLA一样，分为专业组和学生组，同一组别下面分为若干类型，每年以命题的形式开展竞赛，如2019年为空间重构。

（七）奥雅设计之星大学生竞赛

由奥雅设计公司组织的竞赛。

网址：http：//www.aoya-hk.com/

参赛人员要求：

1.参赛者必须是在校学生（包括本科生、硕士、博士研究生），国籍不限。要求组队参赛（每组不少于2人，最多不超过5人），鼓励多专业多学科共同合作。

2.参加过其他竞赛的作品，或使用他人曾经在公开场合发表过的作品不允许参加本竞赛，一经发现将永久取消参赛资格。

时间：8—10月，具体见官网。

奥雅的竞赛对于以后想进入设计公司的同学有一定帮助，想要进入奥雅的同学，在竞赛中获胜，能够帮助学生获得相关实习的机会，更有利于进入行业，具体内容详见公司官网通知。

（八）"百思德杯"新锐设计竞赛

由深圳市勘察设计行业协会和《风景园林》杂志社主办的竞赛。

网址：http：//www.la-bly.com/

参赛人员要求：全球范围内年龄不超过40周岁的人员均可参赛，可以个人或团队参赛，每团队人数不超过3人，学生团队可有1—2名指导教师。

时间：9—10月，具体见《风景园林》杂志。

（九）"文科杯"全国大学生景观设计大赛

由深圳文科园林股份有限公司举办的设计竞赛。

网址：http：//www.wkyy.com/wenkebei.htm

参赛人员要求：

1.各大高校建筑学、风景园林、城市规划、环境艺术、艺术设计、土木工程等相关专业的大学生和硕士生均可参赛。

2.参赛者可以个人或者小组的名义报名参赛（小组成员数量不得超过3人），且每名学生或每组只能提交一件作品，即参赛者在报名表上只能出现一次，否则将取消参赛资格。

时间：9—10月，具体见文科园林官网。

（十）华灿奖设计大赛

全称"两岸新锐设计竞赛·华灿奖"，是由中国高等教育学会、中华中山文化交流协会、北京歌华传媒集团有限责任公司联合主办的设计竞赛。该竞赛旨在推动海峡两岸暨香港、澳门及海外广大青年的交流互动，深化文化交流，增强文化认同，促成两岸文化创意及相关产业的合作共赢，提升两岸艺术设计类大学生人才培养质量。

参赛流程：

参赛者需要在规定的时间内完成在线注册并提交作品。

竞赛分为校赛、赛区赛和总赛三级赛制。校赛由各高校组织实施，赛区赛由各赛区牵头单位负责，总赛分为网络评审和现场评审两个阶段。

颁奖仪式及路演通常在江苏省昆山市举办。

评审标准：

华灿奖的评审标准虽未在搜索结果中明确列出，但通常设计竞赛会考虑以下几个方面：

创新性：作品是否展示了创新的设计理念和方法。

实用性：设计是否具有实际应用价值和可行性。

美学价值：作品的视觉和感官吸引力。

技术实现：设计的技术水平和实现的难易程度。

社会影响：作品对社会、文化、环境等方面的积极影响。

赛道设置：

华灿奖分创意赛道和定向主题赛道两个赛道。创意赛道包括元宇宙设计、视觉设计、产品设计、IP类文创开发设计等组别。定向主题赛道则结合企业需求方向发起征集。

参赛对象：

海峡两岸、香港、澳门高等学校在职青年教师、在读学生、青年设计师以及海外华人华侨在职青年教师、在读学生、青年设计师，年龄需在45周岁以下。

重要日期：

作品征集时间：4月至6月。

校赛时间：7月。

赛区赛时间：9月。

总赛时间：11月15日。

颁奖仪式及路演：11月下旬。

详细内容详见竞赛的官方网址，网址为 www.huacanjiang.com。

三、国际类竞赛

参与难度：较难，国际类竞赛是含金量较大、认可度较高的比赛，获奖难度也相对较大。

（一）国际景观双年展&罗莎·芭芭拉国际景观奖

该奖项从第一届欧洲景观双年展开始，以景观设计视角以及相关学科演化的立场，表现出了对景观领域的专注和探讨的渴望。

网址：http://www.coac.net/landscape/default_zhong.html

参赛人员要求：不限身份，世界范围内已建成的各种景观和规划项目。

参赛时间：每两年一届，详见官网信息。

（二）中日韩大学生风景园林设计大赛

中国风景园林学会与日本造园学会、韩国造景学会主办，是为了加强中、日、韩三国在校大学生相互间的学习交流。

网址：http：//www.chsla.org.cn/

参赛人员要求：中国、日本和韩国的本科生、硕士生或博士生都有资格参加比赛，可以组成小组（每组不超过5人）或以个人名义参赛。

参赛时间：每两年一届，具体时间见官网。

（三）欧洲风景园林国际竞赛

该竞赛由欧洲风景园林高校理事会（ECLAS）/中国风景园林学会（CHSLA）主办。

网址：http：//www.chsla.org.cn/（中国风景园林协会）

参赛人员要求：全球风景园林专业或相关专业大学生均可参赛。

时间：每年1—5月（具体见官网）。

（四）"园冶杯"国际风景园林竞赛

由北京林业大学园林学院、南京林业大学风景园林学院、华中农业大学园艺林学学院、台湾朝阳科技大学景都系及建都所、日本千叶大学园艺学部、韩国江陵大学环境造景学部和中国风景园林网发起，重庆大学建筑城规学院、同济大学建筑与城市规划学院景观学系等近20家国内外风景园林相关专业院系联合主办，每年在风景园林相关院校毕业生中开展毕业作品和论文的评选活动，命名为"'园冶杯'风景园林（毕业作品、论文）国际竞赛"。竞赛作品将在相关院校进行巡展宣传，在中国风景园林网作专题展示，并组织对获奖作品和论文进行编辑出版。

网址：http：//yyb.chla.com.cn/

参赛人员要求：国际任何国家和地区相关院校相关专业（包括风景园林、城市规划、建筑、环境艺术等）的学生（高职、本科、硕博）。毕业作品、论文限应届毕业生参赛，主题竞赛、课程设计凡在校学生均可报名参加。

参赛类别：提交参赛作品应符合大赛主题要求，按照毕业设计、毕业论文、主题竞赛、课程设计四大类别提交原创作品，鼓励协同创新。

1.毕业设计（Graduation design）

毕业设计包含：园林规划、园林设计、城市规划、城市设计、建筑设计、环境艺术设计。

2.毕业论文（Thesis）

毕业论文包含：规划设计、生态植物、城市设计、建筑设计、环境艺术设计。

3.主题竞赛（Theme contest）

主题竞赛包含：文化景观、生态修复、海绵社区、康复景观、城市更新（含开放住区）、美丽乡村、特色小镇（街区）。

4.课程设计（Curriculum design）

课程设计包含：风景园林、建筑学、城乡规划、环境艺术设计专业的三四年级本科生与研究生课程作业（不含毕业设计）。

时间：6—10月（具体见官网）。

四、含金量高的国际竞赛

参与难度：难，影响力最大，含金量最高，获奖难度最大的国际竞赛。

（一）ASLA

美国景观设计师协会ASLA（American Society of Landcape Architects）主办，是全球最负盛名的景观设计竞赛。分为专业奖和学生奖，专业奖奖励全球为景观设计作出突出贡献的人和项目，而学生奖则作为寻找优秀行业人才的途径。

报名网址：https://www.asla.org/

参赛人员要求：风景园林专业或相关专业大学生。

报名时间：

专业奖：每年截止日期3月份左右。

学生奖：每年截止日期5月份左右。

（具体关注官网通知）

（二）IFLA

国际景观建筑师联合会（International Federation of Landscape Architects，IFLA）和中国风景园林学会（Chinese Societ of Landscape Architecture，CHSLA）主办，分为国际学生竞赛和亚太地区学生竞赛。每年举办一次，是全球高水平的景观设计学专业学生设计竞赛。

报名网址：https：//www.ifla.org/或者风景园林新青年网站http：//www.youthla.org/articles/ifla/

参赛人员要求：风景园林专业或相关专业大学生，小组成员不能超过5人。

报名时间：国际竞赛（8—11月）；亚太地区竞赛（5—10月）。

作为最负盛名的两大专业竞赛，是在读或者行业内专业人员都渴望获得的奖项，同时也代表着风景园林专业高水平作品的展现，两大奖项的不同在于ASLA是只分类别划定不同奖项，不会有具体命题。而 IFLA则是每年都有关注的行业热点作为命题。近两年国内高校在IFLA 上表现抢眼，多次获得奖项。

第二章　施工类竞赛

发展是第一要务，人才是第一资源，创新是第一动力。大国工匠、高技能人才是推动高质量发展的生力军，工匠精神是创新创业的重要精神源泉。党的二十大报告将大国工匠、高技能人才纳入国家战略人才力量，充分彰显加强新时代高技能人才队伍建设的重要性。风景园林本就是一门应用型学科，和实践关系紧密，施工竞赛是检验风景园林人才技术能力的重要手段，鼓励学生参加省市级的技能大赛，通过选拔可以参加更高级别的赛事。

为深入贯彻落实习近平总书记对技能人才工作的重要指示精神，中华人民共和国职业技能大赛是经国务院批准、人力资源社会保障部主办的综合性国家职业技能赛事，经国务院批准，从2020年起，我国每两年将举办一届中华人民共和国职业技能大赛。

第一届全国技能大赛于2020年12月在广东省广州市举行，设86个竞赛项目，2557名选手参赛。

第二届全国技能大赛于2023年9月16日—19日在国家会展中心（天津）及天津港（集团）有限公司、中国石油大港钻井技术培训中心、国网天津市电力公司等地举办。下面以天津大赛为例，对这个赛事进行解读。

第二届全国技能大赛由人力资源和社会保障部主办、天津市人民政府承办。大赛以"技能成才、技能报国"为主题，以"智慧、绿色、安全、特色"为办赛目标，以"智慧集约、公平公正、绿色安全、开放共享"为办赛原则，是广大技能人才展示精湛技能、相互切磋技艺的平台。

第二届全国技能大赛设置109个竞赛项目，分为世赛选拔项目（62个竞赛项目）和国赛精选项目（47个竞赛项目）两大类。全国各省（区、市）、新疆生产建设兵团和住建、交通、机械、轻工等部门行业组建36个代表团参赛，4045名选手、3270名裁判参加。大赛同期，还将举办技能强国论坛、技能展示交流、"最受欢迎的十大绝技"展演、系列媒体见面会和群众性擂台赛等活动。

一、项目简介

园艺项目是指在规定的时间和空间里，按设计好的赛题，使用工具对指定造景材料进行制作、安装、布置和维护的竞赛项目。比赛赛题由图纸及施工说明组成，硬景部分提供施工图纸，按图施工；软景部分由选手根据提供的材料及施工说明自主设计并施工。

世界技能大赛的园艺项目是一个团队项目，每个参赛组由2位选手组成，比赛要求他们在规定的时间内相互配合并完成赛题的施工。比赛中对选手的技能要求主要包括：要求选手合理安排工作流程；注意个人防护及施工动作符合人体工学；熟练掌握与比赛相关的砌筑、铺装、木作、水景、植物等相关知识；具有专业的知识和审美。

二、项目竞赛模块

模块A：工作流程
模块B：砌筑与铺装
模块C：木作
模块D：水景
模块E：绿色空间布局

三、日程安排

比赛共计3天，每天比赛时长6小时，共计18小时的比赛时间。

四、比赛细则

（一）项目特别规定

1.工具箱检查规定

工具箱不能超过1.25立方米，工位抽签后（赛前二天）选手可以把工具箱放置到自己工位。所有电动工具均由承办方提供，参赛选手不可以携带。测量设备和个人防护设备可以不放在工具箱内携带。

2.赛题发放及配套文件语种的确定

赛前两天，在选手培训会上将发给每位选手一份设备、工具和材料清单用以核对工位上的材料（期间裁判不可以和选手交流）；每天赛前30分钟将图纸发给选手，比赛期间的休息时间及赛前、赛后各有15分钟裁判可以和选手交流；赛后交流完毕，图纸必须交给监督员保管。

（二）竞赛流程

1.赛前准备

（1）赛前三天：裁判人员、各参赛代表队领队、选手应到达赛区，做好相应的赛前准备工作。

（2）赛前二天：

①裁判长会同场地经理等组织裁判员开展技术对接，介绍执委会及项目组织实施工作要求和工作纪律，检查赛场设施、设备、工具、材料的准备情

况等，完成选手工位抽签，选手领取工具箱并摆放到位。

②执委会会同裁判人员组织全体参赛选手按照要求熟悉赛场及设备，确保每位参赛选手有同等性能的设备及材料、工具和同等充足的时间进行适应性操作。

（3）赛前一天：

①裁判长组织裁判员确定赛题、评分标准和裁判员分组方案。

②对参赛选手自带工具、材料进行检查。明确禁止带入赛场的，一律不允许带入比赛现场。工具在比赛期间均存放在比赛现场，比赛期间由选手自行保管，休赛期间由执委会安保人员保证赛场安全。所有通信工具一律不得带入比赛现场。

2.竞赛实施

（1）检录及竞赛时间：各项目裁判人员、参赛选手、场地经理及助理等，应按时到达赛场完成检录。具体安排见赛务手册。比赛开始和结束时间，以各项目裁判长正式宣布为准。

（2）场地与设备设施管理：每阶段比赛结束需参赛选手离场的，裁判长会同场地经理组织裁判员对各工位的设备、设施、比赛成果、工具、材料等进行全面检查，确认无误后统一安排选手退场。场地经理负责清场。下一阶段比赛开始前，裁判长会同场地经理组织裁判员对各工位相关设施、设备再次检查并确认无误。

3.应急处理

执委会负责竞赛期间的应急处理：

（1）设施设备故障处理：出现故障时，应由当值裁判人员及时向裁判长报告，经裁判长同意后由场地经理组织修复。

（2）中断竞赛处理：竞赛过程中，因参赛选手个人原因导致竞赛中断，中断的时间计入参赛选手竞赛时间，不予补偿；非因参赛选手个人原因造成的竞赛中断，中断时间不计入参赛选手竞赛时间，并予以补足，竞赛中断的原因由裁判长会同当值裁判员作出判断，并尽快告知参赛选手及参赛选手代表队裁判员。竞赛过程中，允许参赛者饮水、上洗手间，其耗时一律计算在竞赛时间内。

（3）伤病处理：参赛选手在竞赛期间受伤或生病的，应由执委会负责妥善处理，并告知其所在参赛代表队领队。参赛选手处理伤病的时间计入其竞赛时间，无法继续参赛的，按已完成竞赛部分计算成绩。

（4）评判工作：每天竞赛开始前，裁判长根据工作需要，对裁判员进行分工。裁判长和裁判长助理不进行评判。竞赛过程中，裁判员按照分工，依据评判标准和相关技术要求开展评判工作，对所评参赛选手的评判结果签字确认，裁判长组织录分员将比赛结果录入全国选拔赛信息管理系统。每个阶段竞赛结束后，裁判员对本阶段评判结果进行核对确认。全部竞赛结束后，裁判长对总成绩进行复核，并将选手成绩交本参赛代表队裁判员最终签字确认。

（5）成绩公布：在竞赛成绩确认后，裁判长须组织全体裁判员和参赛选手进行技术总结和点评，并在会上公布成绩。

4.违规处理

按中华人民共和国第二届职业技能大赛竞赛技术规则相关条款执行。

5.问题或争议处理

按中华人民共和国第二届职业技能大赛竞赛技术规则相关条款执行。

参考文献

[1]周维权. 中国古典园林史（第三版）[M]. 北京：清华大学出版社，2008.

[2]金学智. 苏州园林[M]. 苏州：苏州大学出版社，1999.

[3]刘敦桢. 苏州古典园林[M]. 北京：中国建筑工业出版社，2005.

[4]潘谷西. 江南理景艺术[M]. 北京：中国建筑工业出版社，2021.

[5]上海市绿化管理局. 上海园林绿地佳作[M]. 北京：中国林业出版社，2004.

[6]陈从周. 中国园林鉴赏辞典[M]. 上海：华东师范大学出版社，2001.

[7]清华大学建筑学院. 颐和园[M]. 北京：中国建筑工业出版社，2015.

[8]孟兆祯. 避暑山庄园林艺术[M]. 北京：紫禁城出版社，1985.

[9]魏民. 风景园林专业综合实习指导书[M]. 北京：中国建筑工业出版社，2007.

[10]魏科. 皇城根遗址公园的规划建设[J]. 城市规划，2003（9）：87–91.

[11]刘延捷. 太子湾公园的景观构思与设计[J]. 中国园林，1990（4）：39–42.

[12]国务院学位委员会第六届学科评议组. 学位授予和人才培养一级学科简介[M]. 北京：高等教育出版社，2013.

[13]刘滨谊. 科学性、技术性、工程性是风景园林立身之本[J]. 风景园林，2015，11（4）：40–41.

[14]刘爽，刘金祥. 风景园林专业大学生实践能力的培养[J]. 现代园艺，2017，39（1）：111–112.

[15]中华人民共和国住房和城乡建设部. 建设工程工程量清单计价规范GB50500–2013[M]. 北京：中国计划出版社，2013.